◎ 余小曲 著

# 丑格
WU

# 文化
GE WEN HUA

丑格新书闲均积聚满腹

经纶蕴涵文化自信赏读

增长精神

赞晓曲丑格文化新著

牛年新春 英中横话 龚书

新华出版社

图书在版编目（CIP）数据

五格文化 / 余小曲著. -- 北京：新华出版社，2021.6
ISBN 978-7-5166-5942-7

Ⅰ. ①五… Ⅱ. ①余… Ⅲ. ①人生哲学–通俗读物
Ⅳ. ①B821–49

中国版本图书馆CIP数据核字（2021）第123876号

## 五格文化

余小曲著

**责任编辑：**马大乔
**责任印刷：**廖成华

**出版发行：**新华出版社
**社　　址：**北京石景山区京原路8号　　　　**邮　　编：**100040
**网　　址：**http：//www.xinhuapub.com
**经　　销：**新华书店
**购书热线：**010–63077122
**中国新闻书店购书热线：**010–63072012

**印　　刷：**成都现代印务有限公司

**成品尺寸：**170mm × 240mm　　1/16
**印　　张：**13　　　　　　**字　　数：**295千字
**版　　次：**2022年3月第一版　　**印　　次：**2022年3月第一次印刷

**书　　号：**ISBN 978-7-5166-5942-7
**定　　价：**48.00元

# PREFACE ◎ 前 言

　　本书所讲的"五格文化"，是指围绕立格、守格、破格、升格、创格五格构建的人生格局文化体系。它涵盖人类社会生活与主客观世界的各个层面，包括微观，宏观及不可预知世界的启蒙，引导并解决人的可为与不可为。进而激发人的向善、向上、向利的最大潜能。

　　五格文化之"格"，意为规矩、标准、制度、法度、体系等某个范畴的概括，并非单纯哲学意义上的"格"或某个特定词语的"格"。

　　《礼记·大学》："古之欲明明德于天下者，先治其国；欲治其国者，先齐其家；欲齐其家者，先修其身；欲修其身者，先正其心；欲正其心者，先诚其意；欲诚其意者，先致其知，致知在格物。物格而后知至，知至而后意诚，意诚而后心正，心正而后身修，身修而后家齐，家齐而后国治，国治而后天下平。"明朝大儒学家王阳明的格物论由此认为，端正事业物境，达致自心良知本体。"'致知'云者，非若后儒所谓充扩其知识之谓也，致吾心之良知焉耳。良知者，孟子所谓'是非之心，人皆有之'（《孟子·告子上》）者也。是非之心，不待虑而知，不待学而能，是故谓之良知。是乃天命之性，吾心之本体，自然良知明觉者也"，"物者，事也，凡意之所发必有其事，意所在之事谓之物。格者，正也，正其不正以归于正之谓也。正其不正者，去恶之谓也。归于正者，为善之谓也。夫是之谓格"，"心者身之主，意者心之发，知者意之体，物者意之用。如意用于事亲，即事亲之事，格之必尽。夫天理则吾事亲之良知，无私欲之间，而得以致其极。知致则意无所欺，而可诚矣；意诚则心无所放，而可正矣。格物如格君之格，是正其不正以归于正"，"格物是止至善之功，既知至善，即知格物矣"，"'格物'如孟子'大人格君心'之'格'，是去其心之不正，以全其本体之正。但意念所在，即要去其不正，以全其正。即无时无处不是存天理，即是穷理"。"格者，正也；正其不正，以归于正也"，"无善无恶是心之体，有善有恶是意之动，知善知恶是良知，为善去恶是格物"、"随时就事上致其良知，便是格物"。这不是本书所探讨的"格文化"之'格'的要义，但践行"五格"之道，确能达其格物致知的目的。

有研究日本文化的学者，从探究日本民族性格的角度来谈，涉及日本"格文化"之说，如冯晶、周永利的《解析日本"格文化"》（《日本问题研究》2014年第01期），探究的就是日本民族的性格文化。他从日本民族性格产生的原因入手，透过其语言所代表的文化现象，破解日本民族独特性格的文化实质。解析各种"格关系"构成的"格文化"形成的日本基本社会架构。这与本书所探讨的"格文化"有着本质的不同。也与一些日本学者套用中国易经所衍生的"五格数理"毫无关系。

本书力图从格字的产生和释义启示中找到人们了解世界、认识世界、维护世界、改造世界过程中客观存在的方法，从历史的佐证结合现实及未来的需要，从不同层面加以概述，为进一步通过了解自我、认识自我、重塑自我达到了解世界、认识世界、维护世界、改造世界的新高度，进而达成向善、向上、向利的更大目标。由此构建了人生事业格局之五格理念，并衍生了格与教育、格与成长、格与养生、格与婚姻、格与企业、格与文艺和格与社会主义核心价值观等层面既相互独立又相互包容的五格文化体系。每个层面及其各层面内部的各环节都能与五格构建起必然的对应关系和可量化的考察方法，实现各自向善、向上、向利的积极转化。

　　本书对已经提到的格与各层面的梳理还仅仅是概要式的点提，没有完全细化展开出每一个侧面，也没有包含完格与人已经认知的其他自然科学和社会科学各层面，比如格与具体的各行业、各产业、各政府机构，格与科技、格与军事、格与政治，格与化学、格与物理、格与宇宙、格与生命、格与未来等宏观或微观各个层面，但这些层面都可以用五格理念加以考察和印证。各层面、各环节、各侧面所包含的五格理念也可以不断深入展开，直到可以遇见的各种感知。

　　五格文化论力图通过梳理人与人、人与社会、人与自然等各个层面从立格、守格、破格、升格到创格的五格关系，使每一个人树立五格意识，量化考察人的认知，从后知后觉潜移默化为先知先觉，实现自我及其自我参与的各个层面、各个环节、各个侧面的最大格局，从而实现人生事业整体格局的最大化。

本书写作过程中，为避免望文生义的随意性，对格字的释义，通过网络"百度词条"引用了《新华字典》和《康熙字典》的条目，对京察四格通过"百度词条"加以引用，对社会主义核心价值观的详解通过网络"百度词条"引用了专家解读，其他涉及到传统文化术语的解读也来源于"百度词条"与相关可考证的读物，目的是体现其准确性，避免作者个人的个性化主观色彩。

五格文化主要围绕立格、守格、破格、升格和创格五个方面加以提炼、归纳、总结、应用和论证，因而也可称之为五格文化论。鉴于作者认知的局限性，可能存在错漏或偏差，这也是五格文化今后自我完善和共同完善的需要。但五格文化围绕人生事业建立五格理念，追求向善、向上、向利的本质是不会改变的。

# CONTENTS ◎ 目 录

第一章 ◎ 格的解读

# 第一节　词条含义

　　格的含义，主要通过古汉语《康熙字典》和现代汉语《新华字典》梳理出来，以便通过对格的本义和引申意义的认知来探究格与人或事物的关系。

　　格字伴随着中华民族文字的产生和发展，累积了丰厚的文化内涵，它不仅生动形象地标识着人对客观事物外在感观的认知，更是为人类探索主客观事物的本质提供了可靠的钥匙，可为我们从认识世界到改造世界过程中找到答案。

　　大千世界万物纷呈，此消彼长；宇宙太空浩渺深邃，难以穷尽。但不管如何千变万化，都离不开各自存在的格中。也都在人类的有限认知中，看到相应的不同格的建立、坚守、打破与新生，从而构建起各自的格局。我们就从了解格的含义出发，来一步步打开我们通向自我、通往世界的每一扇门户吧。

gé

## 1、汉字释义

（1）形声。从木，各声。本义：树木的长枝条。

（2）格，格木，一种树的名称，别名铁木。

（3）格是一个常用字。数学中格是指一种代数结构。在语法和修辞中也有格的概念。此外，格也是一个姓氏。

格的本义告诉我们它指代的客观事物的本来面目，是人类开启认知的一个或几个侧面的直观反映，确立了该事物的原初排他性，即它首先是树木本身的各种枝条。其次，人类从不同的枝条组合中看到了它的启示意义，赋予它一些紧密相关和新的认知，从而扩展更广泛的认识。这些认知总是伴随着人类社会的生产生活不断呈现，这可从它的基本字义和详细字义中得到答案。

## 2、基本字义

2.1 划分成的空栏和框子：~子纸。方~儿布。

2.2 法式，标准：~局。~律。~式。~言。合~。资~。

2.3 表现出来的品质：~调。风~。人~。国~。性~。

2.4 阻碍，隔阂：~~不入。

2.5 击，打：~斗。~杀。

2.6 推究：~物致知。

《礼记·大学》："致知在格物，物格而后知至。"所谓致知在格物者，言欲致吾之知，在即物而穷其理也。

2.7 树的长枝。

2.8 一种树的名称。格木，也叫铁木。

2.9 至，来：~于上下。

2.10 感通：~于皇天。

2.11 变革，纠正：~非。

《论语》为政篇，"道之以德，齐之以礼，有耻且格。"

2.12 某些语言中的语法范畴。

2.13 姓。

从格的基本字义中已然看到了格对于了解世界、认识世界、维护世界和改造世界的基本使命，从客观层面和主观层面都能认知它存在于人或事物的立格、守格、破格、升格和创格的各个层面。

格通过划分空栏和框子，避免事物的混淆，或让人与事物之间、事物与事物之间保持某些距离，使我们更清楚的判断和了解世界，从而制定出法式、标准，并确立合格的品质，供我们认识世界，这是立格与守格的层面。同时也不可避免地产生人与人，人与事物之间的阻隔、隔阂，也不排除在维护自我中发生难以调和的打击，直至最后的纠正与变革，促使我们改变自我，改造世界，这是破格与升格、创格的层面。

由此可见，格在其自身的构建和演绎中，为我们提供了推究人与事物本质的自测系统。并推动我们在有限的认知范围内，努力去探索无限的可能。

### 3、详细字义

3.1 〈名〉

3.1.1 （形声。从木，从各，各亦声。"木"指树木。"各"意为"十字交叉之形"。"木"与"各"联合起来表示"树干与树枝形成十字交叉之形""枝权为十字交错之形"。本义：树木枝干分叉系列）

3.1.2 格，木长貌。

3.1.3 格木，一种树的名称。

3.1.4 引申为格子

格，橄架也。肉格，窗格，木格。 又如：五格的书架；格眼（格子和窟窿）；格子眼（窗孔）；格目（项目）；格的（箭靶）

3.1.5 栅栏

连云列战格，飞鸟不能逾。——杜甫《潼关吏》

3.1.6 法式；标准；规格

言有物而行有格也。——《礼记·缁衣》

我劝天公重抖擞，不拘一格降人才。——清·龚自珍《己亥杂诗》

武德二年，颁新格（特指法律条文）五十三条。——《旧唐书·刑法志》

又如：格范（典范；标准）；格尺（标准）；格令（法令）；格法（成法，法度）；格条（法令条文）；格样（标准式样；模样）

3.1.7 条例；制度。如：格目（表册）；"格"制（格局体制）；格例（规则条例）

3.1.8 品格；格调。如：人格（人的道德品质）；别具一格（另有一种风格）；格量（品格气量）；格韵（格调气韵）；格业（品格功业）

3.1.9 箭靶子。格的（箭靶中心）

3.1.10 博戏名。如：格五（古代博戏名。棋类）

3.1.11 表明某词在一定上下文中与其它词之间意义关系的曲折变化形式（如主格、宾格、所有格）

3.1.12 通"茖"。茖葱。山葱

桂荏、凫葵，格韭菹于。——《后汉书·马融传》

置伯格长，以牧司奸盗贼。——《史记·酷吏王温舒传》


3.2 〈动〉

3.2.1 阻止；搁置

形格势禁，则自为解耳。——《史记·孙子吴起列传》附《孙膑传》

又如：格沮（阻止，阻挡）；格格不入（相互抵触）；格阂（阻隔，隔阂）；格塞（阻塞，不通顺）；格碍（阻碍，障碍）；格笔（笔架；搁笔，停止写作）

3.2.2 纠正，匡正

人不足与适（同"谪"）也，政不足闲（非议）也；惟大人为能格君心之非。——《孟子·离娄上》

又如：格非（匡正邪辟谬误的心）；格心（匡正思想；归正之心）；格正（匡正时弊；纠正）

3.2.3 推究

致知在格物，物格而后知至。——《礼记·大学》

又如：格术（格物之术）；格量（推度；衡量）；格物致知（谓研究事物原理而获得知识）；格候（谓推算季候节气）

3.2.4 量度；衡量。如：格知（度知，量度）；格量（衡量；推究）；格评（测量评定）

3.2.5 击打；格斗

格者不舍。——《荀子·议兵》

穷寇不格。——《周书·武称》

皆可格杀。——《后汉书·刘盆子传》

乃解衣就（接受）格。——《后汉书·钟离意传》

男儿宁当格斗死，何能怫郁筑长城。——《玉台新咏·饮马长城窟行》

吾闻公子庆忌，筋骨如铁，万夫莫当，手能接飞鸟，步能格猛曾。

——明·冯梦龙 《东周列国志》第七十三回

又如：格击 (格斗)；格拒 (抵抗；格斗)；格战 (格斗，搏斗)

**3.2.6 击杀；搏杀**

郢人等告 定国， 定国使谒者以他法劾捕格杀 郢人以灭口。——《史记·荆燕世家》

又如：格化 (斩杀)；格敌 (杀敌)；格斩 (击杀)

**3.2.7 抗拒；抗御**

尝从行，有所冲陷折关及格猛兽。——《史记·李将军列传》

又如：格拒 (抗拒格斗)；格迕 (抵触，不合)

**3.2.8 古书借 "格" 为 "佫"。来到，到达**

光被四表，格于上下。——《书·舜典》

格汝禹——《书·大禹谟》

格尔众庶，悉听朕言。——《书·汤誓》

天迪格保。——《书·召诰》

惟先格王。——《书·高宗肜日》

祖考来格。——《书·益稷》

格于皇天。——《书·君诰》

又如：格思 (来，到。思，语助词)

**3.3 〈形〉**

**3.3.1** 拘执。如：格房 (傲慢的奴仆)；格孽 (方言。意谓争吵、吵闹)；格仆 (强悍的奴仆)

**3.3.2** 被限制，受局限。如：格限 (指规定的资格)；格于成例 (被条例所限制，不能通融办理)

**3.3.3** 圣的。如：格人 (至道之人；有识之人)；格王 (至道之王；圣王)

**3.3.4** 吉祥。如：格命 (犹大命，福命)；格保 (降临保佑)

**3.3.5** 正确。如：格论 (精当的言论；至理名言)；格训 (正确而至当的训示)；格尚 (方正高尚)

**3.3.6** 通 "嘏"。大

孝友时格，永乃保之。——《仪礼·士冠礼》

以格于主人。——《仪礼·少牢馈食礼》

又如：格命（皇命）

3.4〈方〉：这；那。如：格个（这个）；格号（这种）；格注（这笔；这注）；格格（这个）

3.5 语助词。的。如：格来（方言。着哩）；格呢（方言。的呢）；格落（方言。的了）

3.6〈象〉

形容某些碰击、断裂声。如：格登（走路时脚踏地的声音）；格刺子（角落；偏僻的地方）；格吱吱（物体断裂、撞击、摩擦的声音）；格喳（木棍断裂声）

格的详细字义通过格的不同词性再从历史的存在和现实的应用角度进一步解读与确证了格所蕴藏的丰富文化内涵。就其格字不同词性本身来说，名词所含要义契合了立格与守格的根本，动词所含要义契合了守格、破格的必然和升格、创格的需要。其他词性要义则呈现相应的辅助作用。

格的动作行为是守格与破格的客观存在，从格的动作行为中，我们已然看到了其主动与被动行为相互呈现。当立格被阻止、搁置，就需要主动去纠正、匡正实现守格。而不管是主动的击打、格斗、击杀、搏杀，还是被动的抗击、抵御，都可能或必然导致破格转化，或倒退而从新立格，或向升格与创格转化。

上述词性的详细解义不仅仅限于从历史中找到佐证，还可以通过现实生活的对照找到其蕴含的从立格、守格、破格，到升格与创格过程中了解世界、认识世界、维护世界和改造世界的现实意义。

## 4、常用词组

### 4.1 格调

（1）诗歌的格律声调。亦泛指作品的艺术风格。

先定格调，格调豪放，格调不高，格调高雅。

（2）人的风格或品格。

谁爱风流高格调，共怜时世俭梳妆。——《唐诗纪事·秦韬玉》

（3）格式；式样。

山势和水势在这里别是一种格调，变化而又和谐。——《雨中登泰山》

## 4.2 格斗

搏斗

## 4.3 格格不入

相互抵触。

## 4.4 格局

（1）艺术或机械的图案或形状；格式；布局。

（2）局势、态势。

## 4.5 格里历

今日通用的阳历为罗马教皇格列哥里于公元1582年制订。

## 4.6 格林尼治时间

以格林尼治天球子午圈的月球中天为基准的时间，以区别于根据地方天球子午圈的月球中天为基准的时间。

## 4.7 格陵兰

世界最大岛。

## 4.8 格律

（1）诗、赋、词、曲等关于字数、句数、对偶、平仄、押韵等方面的格式和规则，外国诗歌也有自己的格律

（2）规矩；准则。

### 4.9 格杀
拼斗杀死；击杀

### 4.10 格杀勿论
对顽抗拒捕或罪大恶极的犯人，按刑律规定，击杀致死不论及执行者的罪行。

### 4.11 格式
官吏处事的规则法度；一定的规格样子。
描图格式
书信格式

### 4.12 格外
（1）超出常规常态之外。
（2）比原来更多、更大量或更长时间。
（3）另外；额外。

### 4.13 格物
（1）穷究事物的道理。
格物致知
（2）纠正人的行为。

### 4.14 格言
含有教育意义可为准则的字句。

### 4.15 格致
（1）"格物致知"的略语，考察事物的原理法则而总结为理性知识。
致知在格物，物格而后知至。——《礼记·大学》
（2）清朝末年讲西学的人用它做物理、化学等自然科学的总称。

4.16 格子

（1）方形的空栏或框子。铁格子

（2）方格图案

（3）为了规整田地而用横竖线划成的方格。

如果我们把立格、守格、破格、升格和创格五格用一个格的图表来归纳，我们就可以相应地把这些常用词汇分列其中，找到他们对应的位置。这里暂排除可以放入立格表内的实物、地理等实体词汇名称，仅从其演绎的认知角度考察，当然，不仅限于这些词语。

**格的常用词组与五格图**

| 立格<br>（格子、格调、格律、格言） | 创格<br>（格外、格局） |
|---|---|
| | 升格<br>（格外、格物、格致） |
| 守格<br>（格式、格外） | 破格<br>（格外、格杀、格杀勿论） |

这仅仅是本词条中常用词的汇集，与格相关联的词语还有很多，不赘列入。我们在守格、破格、升格和创格中都列入了"格外"一词，因为守格就是为了避免失格与出格产生的格外；破格既是格外最直接的表现，也是升格与创格的需要；升格与创格都是破格后在格外的客观反映。

## 5、康熙字典

【辰集中】【木字部】格 · 康熙笔画：10 · 部外笔画：6

《唐韵》古柏切《集韵》《韵会》《正韵》各额切，<u>丛</u>音隔。

《说文》木长貌。《徐曰》树高长枝为格。

又至也。《书·尧典》格于上下。

又来也。《书·舜典》帝曰：格汝舜。

又感通。《书·说命》格于皇天。

又变革也。《书·益稷谟》格则承之庸之。

又格，穷究也。穷之而得亦曰格。《大学》致知在格物。

又物格而后知至。

又法式。《礼·缁衣》言有物而行有格也。

又正也。《书·冏命》绳愆纠谬，格其非心。

又登也。《书·吕刑》皆听朕言，庶有格命。

《疏》格命，谓登寿考者。

又牴牾曰格。《周语》谷洛鬭（dòu斗）。韦昭云：二水格。

又顽梗不服也。《荀子·议兵篇》服者不禽，格者不赦。

又籔（sù）也。《诗·鲁颂》在泮献馘（guó）。《郑笺》馘谓所格者之左耳。

又举持物也。《尔雅·释训》格格，举也。

又格也。凡书架、肉架皆曰格。《周礼·牛人注》挂肉格。

又敌也。《史记·张仪传》驱羣（群）羊攻猛虎，不格明矣。

又《尔雅·释天》太岁在寅曰摄提格。

又《尔雅·释诂》格，升也。《方言》齐、鲁曰輆（lìn），梁、益曰格。

又标准也。《后汉·博奕传》朝廷重其方格。

又格例。《唐书·裴光庭传》吏部求人不以资考为限，所奖拔惟其才，光庭惩之，乃为循资格。

又《广韵》度也，量也。

又姓。《统谱》汉格班。

又《唐韵》古落切《集韵》《韵会》《正韵》葛鹤切，达音各。树枝也。

又废格，阻格也。《前汉·梁孝王传》袁盎有所关说，大后议格。

又格五，角戏也。《前汉·吾丘寿王传》以善格五召待诏。

又杙也。亦以杙格兽也。《庄子·胠箧篇》削格罗落罝罘之知多，则兽乱于泽。《左思·吴都赋》峭格周施。

又扞格，不相入也。《礼·学记》发然后禁，则扞格而不胜。《注》格，胡客反。

又《集韵》《韵会》历各切，音洛。篱落也。《前汉·鼂错传》谓之虎落。《扬雄·羽猎赋》谓之虎路。通作格。（鼂cháo）

又《类篇》曷各切，音鹤。格泽，妖星也。见《史记·天官书》。

这些解读是基于通过格字在中华传统文化中的具体应用来印证其要义，与五格构建的文化理念紧密相关并得以佐证，足见格字隐含了多么深刻而丰富的文化内涵。这些要义已经包含于现代汉语《新华字典》的相关解读中，只是列举应用的不同，自然也能归纳于五格之中，不再赘述。

## 6、格的书法

就格字本身而言，如果从书法的角度，我们可以相应地放入不同书法体裁的格局中来考察，直观感受格字本身的不同形态。下面是"格"的字形对比：

篆书       隶书       楷书       行书       草书

字体的演化，既离不开人类生产生活发展变化的需要，也离不开人们对审美的各种追求。文字的最初出现是从图案、符号开始的，之后逐渐形成了统一的篆字体。人类社会造字的最初本义是为了生产生活中相互交流的需要，之后才是不断满足审美的更高要求。

书法字体的演变，就是守格求变的过程，每一种字体的演变都离不开从立格，到守格，到破格，再到升格、创格的最高阶段。这里仅仅做一个直观的呈现，在后续章节中专门叙述。

# 第二节　十格释义

在格字的历史发展进程中，格与从一到十的数字的组合形成不同的文化内涵。下面通过网络和图书查阅等途径，对格字与从一到十的汉语数字组合中，寻求格与数字的文化契合。中华民族从来不缺优秀的聪明才智，文字一经产生，便不断地丰富其文化内涵为己所用，并形成助推人类社会文明进步，推动社会生产力发展的内在动力。

中华文字不仅蕴含中华民族文化丰厚的内涵，还能与西方文化形成链接，为了解、认知、融合不同民族文化提供了便捷，从一到十的十格组合也不例外。下面对十格涉及的文化内涵做简略梳理，以便为构建五格文化找到其排他性和包容性要素。

**一格**，涉及企业、网络名称。一些企业或网站取名为包含"一格"。

**二格**，涉及德语中，第二格，属于语法规则。

**三格**，涉及俄语、德语语法规则；天地人三才与三格，文化起名；企业名。

天、地、人的概念是易经中最常见的，表述为天地人三才，三才与五行有着密不可分的关系。易经的三大核心思想变易、不易和简易都离不开天、地、人，天在上，地在下，人在中间，隐含着天地人三才之道，通过太极两仪、四象、八卦神秘地揭示了文明之源。

**四格**，涉及施政考核，四格漫画，四格互联。

1、四格是一个汉语词汇，出处是《清会典·吏部八·考功清吏司》，释义是对在京的官吏进考核，称为"京察四格"。

| 守：操守　廉、平、贪 | 才：才干　长、平、短 |
| --- | --- |
| 政：政务　勤、平、怠 | 年：年龄　青、中、老 |

（京察四格）

2、四格漫画顾名思义就是以四个画面分格来完成一个小故事或一个创意点子的表现形式，故为漫画的一种格式。

五格，涉及五格数理，五格起名，源于易经，又不属于易学要义。

1、五格指的是姓名学中天格、地格、人格、总格、外格。五格全称为五格剖象法，是目前较有影响的一种取名法。最初在公元1918年初，由日本人熊崎健翁开创，因此五格剖象法也称作"熊崎氏姓名学"，其核心就是将人的姓名按五格剖象法来解释。但也有其缺点，详见《五格数理不靠谱》。

2、五格数理因为计算简单，目前已成为较广的取名法，但来源却是日本，所以由于文化不同，其根本内涵也有差异，在日本抄袭了中国太多文化之后，编纂了日本本民族的各种文化，包括命理文化，所以五格数理并不是诞生于中华大地的文化，其造字法日本除了抄袭中国的文字，也自行编纂了较多的文字及发音词，与中国造字及字义不同，不能过于认真，娱乐一下而已。五格数理不属于中国的《易经》理论文化。

六格，涉及六格漫画，企业名称。

七格，涉及人名等。

八格，涉及中国画术语，日语，命里。

八格，在中国国画中的八格，是北宋韩拙《山水纯全集》提出的凡画有八格。而在命理中，又有八格之说，古人云凡人秉命，必有一格。八字之有格局，如人之有姓名。上自达官贵人，下至贩夫走卒，无人无之。惟格局有成败，太过，不及之互异。另外，日语中的"八格"则是根据音译过来的骂人的秽语。

九格，涉及九宫格，九格图，企业名。

| 4 | 9 | 2 |
| 3 | 5 | 7 |
| 8 | 1 | 6 |

(九宫格)

九宫格，一款数字游戏，起源于河图洛书，河图与洛书是中国古代流传下来的两幅神秘图案，历来被认为是河洛文化的滥觞，中华文明的源头，被誉为"宇宙魔方"。

传上古伏羲氏时，洛阳东北孟津县境内的黄河中浮出龙马，背负"河图"，献给伏羲。伏羲依此而演成八卦，后为《周易》来源。又相传，大禹时，洛阳西洛宁县洛河中浮出神龟，背驮"洛书"，献给大禹。大禹依此治水成功，遂划天下为九州。又依此定九章大法，治理社会，流传下来收入《尚书》中，名《洪范》。

**十格**，涉及十格起名等。

上述十格不难看出，每个数字与格的组合都能在人类的生产生活和文明发展中找到答案，不同民族的应用也各有差异。十格与西方文化的内涵，这里不做考究，仅从它在中华民族文化的应用中来寻找与格文化论的关联。

五格文化论力图从立格、守格、破格、升格和创格五格中构建人生事业不断向善、向上、向利的追求理念，实现自我的不断提升，事业的不断发展，进而实现推动整个人类文明、社会进步不断地向善、向上、向利的更高追求。而上述十格中没有与之完全契合的理念，因而相互具有排他性。

进一步的考察可知，上述京察四格中包含局部的考察人生事业的要素，但其针对的仅仅是当时在京的官吏，而非泛指的人生事业，且不健全，因而只在特定的时间、特定的范围内存在。虽然京察四格还没有构建人生事业向善、向上、向利的完整理念，但为从立格、守格、破格、升格到创格的五格文化论提供了一定的启示，使五格文化能够站在更全、更广、更高的角度加以构建。

十格中的五格，从名称上与五格文化的五格重合，但其理念与实质迥然不同。中华历史文化博大精深，我们先祖构建的描述宇宙万物及其运动规律的易学理论体系，已有了独特的五格理念。易学中的太极阴阳、四象、八卦与金、水、木、火、土五行加以考量的五格，通过相互平衡与制约来界定人生格局，并非构建人生事业不断向善、向上、向利的五格方法与手段。五格文化的五格与易学五行既非外在契合，内在追求也不同，因为其出发点和落脚点本身就不同，因而本质上相互具有排他性。易学五行测算、规划人生事业的命理，其确定性与否，人类的认知尚难探究。五格文化的五格是考察、推动人生事业不断向善、向上、向利，并不断推动人类文明与社会的进步的方法与手段，力图构建其自我可知性与可确定性判断理念。

　　而日本人的五格起名法是1918年由日本人熊崎健翁创立，抄袭模仿中国易学的五行剖象法以五格数理试图建立的五格命理文化。一些不明就里的国人至今饶有兴趣，据知在日本却鲜有人问津。虽与本书五格文化有名称的契合，也完全不是本书倡导的五格文化的五格理念，这里也不做探讨。

　　总之，通过已知的十格释义，我们进一步扩展了格文化论五格理念的排他性与包容性要素内核，为确立从立格、守格、破格、升格到创格的人生事业格局五格理念打下了基础，明确了方向。

# 第二章 ◎ 人生(事业)格局之四格

# 第一节　京察四格

【释义】清代对在京的官吏进行考核的四条标准。参见"京察"。

【出处】《清会典·吏部八·考功清吏司》："乃定以四格，一曰守，二曰才，三曰政，四曰年，以别其等而送部。"

| 守：操守<br>廉、平、贪 | 才：才干<br>长、平、短 |
| --- | --- |
| 政：政务<br>勤、平、怠 | 年：年龄<br>青、中、老 |

以上四格，当时作为政府考察用人的前提与标准，今天选拔人才也大体依据这四个方面来考察。而格文化五格论则是针对社会全体成员来考量，不仅仅是政府用人，还包含个人自我约束及个人涉及的任一个层面，任一个环节，既适用于人，又适用于人与人相关的一切事务。

京察四格所涉及的四个方面仅仅是格文化五格论中部分包容性要素，四格之间的关系是并列关系，仅仅限于考察一个人的基本立格程度，兼有立格与守格的意图。而格文化论的五格之间非并列关系，而是递进关系，是促进人与事业从低到高，从弱到强的手段与方法。京察四格的目的是制定当时政府用人需要的标准，并按照标准考察、任用政府管理者，是立格；格文化五格论的目的是促进人与事业不断向善、向上和向利的追求，并最终促成推动人类文明与社会发展进步，是立格、守格、破格、升格和创格五格并举，二者有着本质性的区别。

京察四格即使有了一些标准，但各层面、各环节如何坚守，如何应对破格，如何升格与创格，在当时并未构建相应的方法体系。因此，京察四格对于人生事业的成长与发展可以窥见一角，但还不完全具备实质性的指导意义。

# 第二节　人的四格

每一个人首先要有独立的个人格局，然后才能去实现与之相应的事业格局。而每一个体的人的健康成长过程，都可以概括为需要养成体、性、品、人四格，即体格、性格、品格和人格，四格并立，相辅相成，相互信守，共同构建成为一个完整的个人格局。

如何养成与考察这四格，人类社会已积累公允的判断标准，并在不断传承中发展完善。这些标准已具有普适性，并非自我感觉的标准，它构成了构建格文化论立格与守格的基本要素。

就健康人生前提的判断，从整体认知上看，就体格而言，通过判定身体健康、身体虚弱、身体病态来确立身体的立格与守格标准。就性格而言，通过判定性格的暴急、稳健、疲沓或外向、中性、内向来确定性格的立格与守格标准。就品格而言，通过判定品格的优秀、良好、差坏来确定品格的立格与守格标准。就人格而言，通过判定其德商（品德）、智商（才智）、情商（性情）或气质的高贵、优雅、庸俗来确定立格与守格标准。

| 体：体格<br>健、弱、病 | 性：性格<br>急、稳、疲、外、中、内 |
|---|---|
| 品：品格<br>优、良、差 | 人：人格<br>德、智、情、贵、雅、俗 |

关于人格中的德商、智商、情商。我们可以借用北京师范大学培训学院陈锁明院长提出的"十商"中的定义来解读，十商包括德商（MQ）、智商（IQ）、灵商（SQ）、情商（EQ）、心商（MQ）、志商（WQ）、健商（HQ）、逆商（AQ）、胆商（DQ）、财商（FQ）。

德商（Moral Intelligence Quotient，缩写成 MQ）：它指一个人的德性水平或道德人格品质。它是十商的灵魂，为十商之首。德商的内容包括体贴、尊重、容忍、宽容、诚实、负责、平和、忠心、礼貌、幽默等一切美德。

智商（Intelligence Quotient，缩写成IQ），它是一种表示人的智力高低的数量指标，也可以表现为一个人对知识的掌握程度，反映人的观察力、记忆力、思维力、想像力、创造力以及分析问题和解决问题的能力，其包括文商（CQ）。

情商（Emotional Quotient）通常是指情绪商数，简称EQ，主要是指人在情绪、意志、耐受挫折等方面的品质，其包括导商（LQ）等。

总的来讲，人与人之间的情商并无明显的先天差别，更多与后天立格的培养息息相关。它是近年来心理学家们提出的与智商相对应的概念。从最简单的层次上下定义，提高情商是把不能控制情绪的部分变为可以控制情绪，从而增强理解他人及与他人相处的能力。

人的身体四格是个人的立格之本，四格的定位直接影响个人格局的大小。一个体格越健康，性格越稳健，品格越优良，人格越健全的人，其个人格局就越大，与之相应的事业格局也就有了坚实的基础。相反，则个人格局就越小，其与之相应的事业格局也会越小。

人的这些身体格局可能受到先天的影响，但并非都是由天生决定的，后期的立格培养起着决定性的作用。比如一个人的身体可能因为遗传的差异健康程度不同，但后天不立格修身养性，再好的身体也不会有大的格局。性格、品格、人格更是需要后天的塑造，在成长过程中，通过正确的立格疏导，逐步累积得以养成。那么人的四格具体如何养成呢，我们在后面的人生事业立格中寻找答案。

此外，个人还必须有国格，即热爱、尊重自己的祖国，以祖国为荣，捍卫祖国的尊严和领土完整。一方面，严格意义上讲，人的国格属于道德范畴，是品格与人格的有机组成部分，不能绝对地割裂开来。一个人没有国格，或丧失国格，即便体格和性格健全，也不会去对自己的祖国有所作为，甚至去背叛自己的祖国，这是让人唾弃的。比如丧权辱国签订不平等条约，一切背叛自己祖国的卖国贼，被国外反华势力利用的分裂独立分子，出卖损坏自己祖国利益的间谍分子，配合外部反华势力制造民族仇恨的暴乱分子，其他汉奸卖国贼等等。历史的耻辱柱上早已刻上了那些有辱国格、丧失国格者的丑恶嘴脸。

另一方面，国格也可以说是在体、性、品、人四格之上的最高境界，是追求人生事业向善、向上、向利的前提与现实基础。所以，健康的人生事业是不能没有，或者不能丧失国格的。

# 第三章 ◎ 人生(事业)格局之五格

　　一个人的人生事业要有格局，除了个人身体立格作为前提保障外，更重要的就是要有追求向善、向上、向利的意识。这个意识不是与生俱来的，它是通过一些方法与手段来建立的。归结起来，就是通过立格来确立，守格来保障，在破格后重新立格，不断地为升格和创格创造条件，并在升格与创格中获得更大的人生事业格局，从而充分实现人生事业向善、向上、向利的最大化。这既是个人成长的需要，也是人类文明与发展进步的需要，因此，人生事业必须紧紧围绕立格、守格、破格、升格和创格五格来构建与完善。从立格、守格、破格、升格到创格，五格既相互独立，又紧密联系，由低而高形成递进关系，以此构成完整的格文化五格理念。

人生（事业）格局五格图

| 立格 | 创格 |
| | 升格 |
| 守格 | 破格 |

　　由此可以定义格文化五格论的概念，格文化论是指围绕立格、守格、破格、升格、创格五格构建的人生事业格局文化体系。它涵盖人类社会生活与主客观世界的各个层面，包括微观、宏观及不可预知世界的启蒙，引导并解决人的可为与不可为。进而激发人的向善、向上、向利的最大潜能。

　　人生五格是破译促进人生事业成长的五种方法，通过发掘每一格的内在边沿，构建五格外在体系，达成个人与事业格局的最大化。人生五格是人生事业成功之本，人生五格决定人生事业格局的大小。

# 第一节　立格
# 人生（事业）格局之立格

立格，就是培养或建立人生事业各阶段、各环节、各层面所遵循的各项规范。人生事业要有格局，首先必须立格，立身体四格，立事业规范。立格是人生事业的基础和前提，立格向善，人生事业才会健康向上。善即德，上善即大德，古代圣贤早已为我们解构了立格向善的精髓。经书《周易》，"积善之家，必有余庆；积不善之家，必有余殃。"老子的《道德经》第八章第一句："上善若水，水善利万物而不争。"《论语》（《述而》）子曰："三人行，必有我师焉。择其善者而从之，其不善者而改之。"，《左传·成公八年》："君子曰：从善如流，宜哉。"《左传·宣公二年》人谁无过，过而能改，善莫大焉。所以《论语 泰伯篇》子曰：'笃信好学，守死善道。立格也必须"死守善道"。

个体的人，单有身体四格还不能构建起人生事业格局，还需要与成长、学业、事业结合构成完整的人生事业格局。人生事业立格，除了立人的体（体格）、性（性格）、品（品格）、人（人格）身体四格之外，还需建立每个阶段需遵循的体系规范，这个规范也称之为规矩或规格，以此形成内在五格。

这些体系规范主要包括两个大的方面，一是满足身体立格的相关规范，二是满足事业需要的相关规范。因此，在身体立格四格的基础上，还需要增加满足事业需要的规范体系的立格，共同构成人生事业格局的五个方面。人生事业立格的五个方面，不可或缺，相互之间属于并列关系，以此形成人生事业健全的格局。

| 体：体格<br>健、弱、病 | 品：品格<br>优、良、差 |
|---|---|
| | 人：人格<br>德、智、情<br>贵、雅、俗 |
| 性：性格<br>疲、稳、急<br>内、中、外 | 规：规格<br>宽、严、全<br>岗、职、业 |

下面就人生事业立格的五个方面做进一步分解、归纳，明确立格的主要和核心内容，并在此基础上形成自我完整的人生事业立格体系。

## 1、立体格

健：健康。通过良好的生活习惯、正确的锻炼方式和持久的安全意识得以保障。

1.1 良好的生活习惯
由起居规范、饮食规范、卫生规范和环境规范四个方面养成的良好习惯。

我国中医的忌食调理就是综合了人体健康的需要，当然更不能有意危害人体健康了。

两千多年前，春秋末期，孔子《论语·乡党》，"食不厌精，脍不厌细"。

当代佛学大师赵朴初，《宽心谣》，"少荤多素日三餐，粗也香甜，细也香甜。"

1.2 正确的锻炼方式
按照适合自身的年龄阶段选择锻炼方式，不懒惰，不过度。

清代，养生家曹庭栋，"久视伤血，久卧伤气，久坐伤肉，久立伤骨，久行伤筋。"

古代三国时期的医学家华佗说，"淡泊名利，动静相济，劳逸适度。"

### 1.3 合理的养生之道

生活习惯良好，体检有期，医养结合。

清代，养生家曹庭栋，"善养性者，先饥而食，食勿令饱；先渴而饮，饮勿令过。食欲数而少，不欲顿而多。"

国学大师南怀瑾说，"好情绪就是最好的养生"，"人类一切的修养方法，都是这三个字——善护念。"

### 1.4 持久的安全意识

不分阶段、不分环境、不看条件，知危避险。

汉代，司马相如《谏猎书》，"明者远见于未萌，而智者避危于未形。"

药王孙思邈说，"养生之道，常欲小劳，但莫大疲及强所不能堪耳。"

## 2、立性格

稳：稳重。通过亲善的习惯、自持的行为、沉稳的表达与温和的风度得以体现。

### 2.1 亲善的习惯

常怀亲近友善之心，建立或重塑和谐友好的社会关系，创造相互信任、相互满意、相互合作和相互敞开心扉的亲和人际互动关系。

### 2.2 自持的行为

为人处事具有自我克制、自我把持的能力，不失控。

### 2.3 沉稳的表达

具有成熟的品质，踏实，沉着冷静，不焦躁，不虚浮。

### 2.4 温和的风度

具有亲切感和亲和力，不鲁莽，不粗暴。

美国作家杰克·霍吉《性格的力量》，"思想决定行为，行为决定习惯，习惯决定性格，性格决定命运。"足见性格对于一个人是多么的重要！

## 3、立品格

优：优良。即在言行举止方面表现出既具有传统美德的修养，又懂得时代规范。

### 3.1 传统美德

中华传统美德的内容可谓博大精深，蔚为大观，涉及到社会生活的各个领域和层面。归纳起来，可以集中包含在"修身"、"齐家"、"治国"三个方面，这也可以说是中华传统文化之于个人行为涵盖的核心。

**修身**

"修身"，是指通过修养使个人具备美德。儒家经典《大学·圣经》中说："身修而后家齐，家齐而后国治。"修身的目的是为了齐家、治国，修身的标准是个人达到较高的美德素养。个人美德主要包括：志向高远，诚实守信，刚正不阿，自强不息，重德贵义，律己慎独等。宋·朱熹《四书集注·孟子集注》说，"思诚为修身之本，而明善又为思诚之本。"

**齐家**

"齐家"，是指建立家庭应具备的美德。家庭是社会的基本细胞，"家和万事兴"。家庭美德主要包括：尊老爱幼，男女平等，夫妻和睦，兄友弟恭，勤俭持家，邻里团结等。

**治国**

"治国"，是指处世应具备的美德。治国，用今天的话说，包含为人处世之道。处世美德包括职业美德、公共美德等，主要内容有：精忠报国，勤政爱民，秉公执法，见义勇为，助人为乐，讲求公正，礼貌谦让，公平交易，尊师重教，勤劳敬业，救死扶伤等。

这又集中体现在出儒家的核心思想内容，主要包括仁、义、礼、智、信和忠、孝、悌、节、恕，以及勇、让、友、勤、敬、廉、俭、耻、和，等等字义所蕴含的核心内涵，在中华民族文明进步中不断完善，并成为根深蒂固的立格思想。下面仅就部分意涵概括阐释，供我们立格领悟。

**仁**

中国古代一种含义极广的道德范畴。本指人与人之间相互亲爱。孔子把"仁"作为最高的道德原则、道德标准和道德境界。他第一个把整体的道德规范集于一体，形成了以"仁"为核心的伦理思想结构，它包括孝、弟（悌）、忠、恕、礼、知、勇、恭、宽、信、敏、惠等内容。其中孝悌是仁的基础，是仁学思想体系的基本支柱之一。他提出要为"仁"的实现而献身，即"杀身以成仁"的观点，对后世产生很大的影响。《论语·颜渊》："樊迟问仁。子曰：'爱人'。"又"克己复礼为仁。一日克己复礼，天下归仁焉。"又《卫灵公》："子曰：'志士仁人，无求生以害仁，有杀身以成仁。"《庄子·在宥》："亲而不可不广者，仁也。"清谭嗣同《仁学·界说》："仁为天地万物之源，故虚心，故虚识。"

**义**

本指公正、合理而应当做的。孔子最早提出了"义"。孟子则进一步阐释了"义"。他认为"信"和"果"都必须以"义"为前提。他们把"义"他为儒家最高的道德标准之一。儒家把"义"与"仁"、"礼"、"智"、"信"合在一起，称为"五常"。其中的"仁义"成为封建道德的核心。《论语·里仁》："君子之于天下也，无适也，无莫也，义之与比。"又："君子喻于义，小人喻于利。"《孟子·离娄上》："大人者，言不必信，行不必果，惟义所在。"

**礼**

中国古代社会准则和道德规范。春秋时的政治家子产最先把"礼"当作人们行为的规范。孔子也要求人的言行符合礼，这"礼"既指周礼的礼节、仪式，也指人们的道德规范。他对"礼"进行了全面的论述，提出了"克己复礼"的观点；把"礼"当作调整统治集团内部关系的手段，当作治国治民的根本。荀子也很重视"礼"，把"礼"看作是节制人欲的最好方法。战国末和汉初的儒家对"礼"作了系统的论述，主张用礼来调节人的情欲，使之合乎儒家的道德规范。

**智**

智"，即智慧、聪明，有才能，有智谋。孔子认为，有智慧的人才能认识到"仁"对他有利,才能去实行"仁"。只有统治者才是"智者",他们中绝大多数人都可成为"仁人",而"小人"无智。儒家把"智"看成是实现其最高道德原则"仁"的重要条件之一。他们要实现"达德",而要实现"达德"必须经过"知"的五个步骤,即博学、审问、慎思、明辨、笃行。汉儒则把"智"列入"五常"之中。

**信**

儒家的伦理范畴。意为诚实,讲信用,不虚伪。"信"既是儒家实现"仁"这个道德原则的重要条件之一,又是其道德修养的内容之一。孔子及其弟子提出"信",是要求人们按照礼的规定互守信用,借以调整统治阶级之间、对立阶级之间的矛盾。儒家把"信"作为立国、治国的根本。汉儒把"信"列入"五常"之中。《论语·学而》:"吾日三省吾身,为人谋而不忠乎?与朋友交而不信乎?传不习乎?……信近于义,言可复也。"《左传·宣公二年》:"麑退,叹而言曰:'不忘恭敬,民之主也。贼民之主,不忠;弃君之命,不信。有一于此,不如死也。'触槐而死。"

**忠**

儒家的道德规范。孔子所说的"忠",是指和别人的一种关系,尽力帮助别人叫做"忠"。"忠"又特指忠君。对长辈能尽孝道也是"忠"。孔子把忠当作实行最高道德原则"仁"的条件。孟子也把"忠"视为重要的道德规范,即指把好的道理教给别人。汉以后出现了"三纲","君为臣纲"规定了臣民对君主须绝对"忠",忠君便成为天经地义、永恒的伦理教条。《论语·子路》:"居处恭,执事敬,与人忠,虽之夷狄,不可弃也。"

**孝**

儒家的伦理范畴。主要指敬奉父母、善事父母。儒家认为孝是各种道德中最根本的。孝是维护封建宗法等级制在家庭关系中的表现,在长期的封建社会中,"孝"一直视为最高的美德,束缚了人们的思想。《孝经·开宗明义》:"夫孝,始终事亲,中于事君,终于立身。"又《三才》:"子曰:夫孝,天之经也,地之义也,民之行也。"《论语·为政》:"孟武伯问孝,子曰:父母唯其疾之忧……今之孝者,是谓能养,至于犬马,皆能有养,不敬,何以别乎?"

**悌**

儒家的伦理范畴,指敬爱兄长,顺从兄长。常与"孝"并列,称为

"孝悌"。儒家非常重视"孝悌"，把它看作是实行"仁"的根本条件。《论语·学而》："其为人也孝悌，而好犯上者鲜矣。不好犯上，而好作乱者，未之有也。君子务本，本立而道生。"《孟子·滕文公下》："于此有焉：入则孝，出则悌。"

节

气节和节操。1、社会指一个人在政治上、道德上的坚定性。对内，气节表示对一定的政治制度、政治理想和道德理想的坚定信仰。对外，气节则指在国家和民族遭到外敌侵犯时，能挺身而出，以国家民族利益为重，坚持斗争。乃至献出个人生命。《荀子·君子》："节者，死生此者也。"2、又称"贞节"。为封建时代约束妇女的道德规范。即要求妇女谨守闺门，不与男子接触，婚后要"从一而终"，夫死不得再嫁，要为丈夫终身守节，甚至殉夫。《二程遗书》卷二二下："然饿死事极小，失节事极大。"鲁迅《坟·我之节烈观》："我依据以上的事实和理由，要断定节烈这事是：极难，极苦，不愿身受。然而不利自他，无益社会国家，于人生将来又毫无意义的行为，现在已经失了存在的生命和价值。"

恕

中国古代的伦理道德观念。"恕"要求推己及人，自己不想做的事，不强加给别人。在孔子的有关伦理学说中，"忠"与"恕"是并列的。因"恕"而得"忠"，为"忠"以行"恕"。"忠恕"是实行"仁"的方法，是"仁"的内容。同时又是孔子思想的一贯之道。《论语·里仁》："子曰：'参乎！吾道一以贯之。'曾子曰：'唯！'子出，门人问曰：'何谓也？'曾子曰：'夫子之道，忠恕而已矣。'"朱熹集注："尽己之谓忠，推己之谓恕。而已矣者，竭尽而无余之辞也。"又《卫灵公》："子贡问曰：'有一言而可以终身行之者乎？'子曰：'其恕乎。己所不欲，勿施于人。'"

勇

儒家的伦理范畴。指果断、勇敢。孔子把"勇"作为施"仁"的条件之一。"勇"必须符合"仁、义、礼、智"，而且不能"疾贫"，才能成其为勇。《论语·宪问》："仁者必有勇。"又《阳货》："君子有勇而无义为乱。"又《子罕》："知者不惑，仁者不忧，勇者不惧。"

让

指谦让、礼让。对人的谦让是中华民族的一种传统美德。《孟子·公孙丑上》："无恻隐之心，非人也；无羞恶之心，非人也；无辞让之心，非人也；无是非之心，非人也。恻隐之心，仁之端也；羞恶之心，义之端也；辞让之心，礼之端也；是非之心，智之端也。"

中华民族优秀文化博大精深，个人的品格养成离不开优秀传统文化的熏陶和洗礼，与品格相关的每个字义都值得记取。每个人只有从小学习积累，并深深浸润于中华优秀传统文化的土壤中，才能不断吸收其丰富的营养，养成优良的品格。

### 3.2 时代规范

这里所指的时代规范，是站在"治国"的高度来确立个人品格，它源于优秀的中华传统文化，又打下时代需要的深深烙印，成为新时代个人立格的最根本的指向。如"八荣八耻"和"社会主义核心价值观"，就是当下每一个公民个人立格的共同品格。

#### 3.2.1 八荣八耻

以热爱祖国为荣，以危害祖国为耻；

以服务人民为荣，以背离人民为耻；

以崇尚科学为荣，以愚昧无知为耻；

以辛勤劳动为荣，以好逸恶劳为耻；

以团结互助为荣，以损人利己为耻；

以诚实守信为荣，以见利忘义为耻；

以遵纪守法为荣，以违法乱纪为耻；

以艰苦奋斗为荣，以骄奢淫逸为耻。

2006年3月4日，胡锦涛同志在参加全国政协十届四次会议民盟、民进界委员联组讨论时提出，要引导广大干部群众特别是青少年树立以八荣八耻为主要内容的社会主义荣辱观。"八荣八耻"从此开启构建新时期中国人民大众应具有的荣辱观，从八个方面旗帜鲜明地宣告可为与不可为，是指导个人立格的品格规范，并成为全社会遵从的公德。它从中华民族优秀的传统文化中吸取了"修身、齐家、治国"所必备的爱国、为民、科学、勤劳、互助、诚信、守法和奋斗的优秀思想，以"荣"和"耻"加以界定，直观地告诫了个人立格的可为与不可为。爱国、勤劳、互助、诚信、守法和奋斗是"修身"所需，爱国、勤劳、互助、守法和奋斗是"齐家"

所需，为民、科学、勤劳、互助、诚信、守法和奋斗是"治国"所需，修身、齐家、治国都离不开"奋斗"。生命不息，奋斗不止；家庭兴盛，奋斗先行；国家富强，奋斗至上。奋斗就是中华民族屹立世界文明之林的精神脊梁，是推动文明进步和社会发展的根本保障。

### 3.2.2 社会主义核心价值观

国家层面：富强 民主 文明 和谐

社会层面：自由 平等 公正 法治

公民层面：爱国 敬业 诚信 友善

2012年"十八大"全新概括了社会主义核心价值观的基本内容，2017年10月18日，习近平同志在"十九大"报告中指出，要培育和践行社会主义核心价值观。社会主义核心价值观涵盖公民、社会和国家三个层面，贯穿于修身、齐家和治国的始终，是中华优秀传统文化在新时期的高度概括，是新时期立格的最高品格规范。爱国、敬业、诚信、友善是对个人品格的最高要求，自由、平等、公正、法制是对社会品格的最高要求，富强、民主、文明、和谐是对国家品格的最高期待。使我们认识到，一个国家民族，不仅要有其公民的个人品格要求，还要有社会品格的约束，更重要的是，最终要形成国家层面的最高品格。个人层面的品格是社会和国家对个人的要求，社会层面的品格是个人和国家层面的构建，国家层面的品格则是个人和社会对国家的期望。这种要求、构建与期望是推动文明进步和社会发展的客观需要，使我们看到，社会主义核心价值观一经实现，中华民族的幸福指数无疑必将随之最大化。

下面列举一些品格方面优秀的典型人物。

如中国上古时期皇帝之后的三位部落首领尧舜禹，周朝时期明君周文王（姬昌）等，奠定儒家优秀传统文化思想的春秋战国时期的孔子（孔丘）、孟子（孟轲）等，春秋战国时期楚国伟大的爱国诗人屈原及其像蔺相如一般的君子等，西汉开国功臣谋士张良（拾鞋得《太公兵法》），北宋范仲淹（名句"居庙堂之高则忧其君，处江湖之远则忧其民"足见其心境），南宋时期背刺"尽忠报国"的岳飞、"留取丹心照汗青"的文天祥，明代的于谦（名诗《石灰吟》"千锤万凿出深山，烈火焚烧若等闲。粉骨碎身浑不怕，要留清白在人间"），新中国的周恩来总理（以其人格魅力享誉世界）等，不远万里来到中国的国际友人加拿大医生白求恩（毛泽东称其为是"一个高尚的人,一个纯粹的人,一个有道德的人,一个脱离了低级趣味的人,一个有益于人民的人")等,每个时期都有品格高尚的典型,都可以成为品格立格的典型代表。

岳飞抗击金军节节胜利之时,南宋高宗赵构和宰相秦桧却一意求和,以十二道"金字牌"催令班师。在宋金议和过程中,岳飞遭受秦桧、张俊等人诬陷入狱。1142年1月,以莫须有的罪名,与长子岳云、部将张宪一同遇害。岳飞的一生,就是中华名族修身、齐家、治国平天下优秀品格的典型写照。

文天祥抗元救宋(南宋),率军征战,被俘后,在元大都被囚禁达三年之久,屡经威逼利诱,誓死不屈,于元至元十九年十二月(1283年1月)从容就义,终年四十七岁,死后在衣服中发现他所作的绝命诗:"孔曰成仁,孟曰取义,唯其义尽,所以仁至。读圣贤书,所学何事?而今而后,庶几无愧。"足见他从传统文化中积淀了高尚的品格。

白求恩,著名外科医生,加拿大共产党员,国际主义战士,1938年来到中国参与抗日革命,1939年11月12日凌晨因病逝世,时年49岁。他在中国工作的一年半时间里为中国抗日革命呕心沥血,获得了毛泽东主席的高度评价。他胸怀世界,为正义事业而献身,足见其高贵的品质。

## 4、立人格

**贵:健康而后高贵**

人格的形成是先天的遗传因素和后天的环境、教育因素相互作用的结果。人格不是单纯的一个方面,它是由诸多人格关系构成的。人格首先要健康,然后才能谈高贵。

人格关系,是指因民事主体的人格利益而发生的社会关系。人格利益即人的生命、健康、姓名、名称、肖像、名誉等方面的利益。人格关系在法律上表现为人格权关系,包括生命权、健康权、姓名权、肖像权、名誉权等,是维持人的生存及能力所必需的权利。人格关系的内容可归结为人格尊重、人格权不得抛弃、不得转让和不得非法剥夺。

心理学已产生了许多关于人格的定义。据美国心理学家澳尔波特(Gordon Willard Allport, 1897–1967)1937年统计,人格定义已达50多种,现代定义也有15种之多。这么多定义，如果不是专门的心理研究人员，一般人是很难全方位认知的。其实，我们大可不必按照心理学家那样去刨根问底，可以简单理解为，每个人的行为、心理都有一些特征，这些特征的总和就是人格。

由于每个人的人格特征存在差异性，这就自然存在人格魅力问题。人格魅力是人品、气质、能力、情感等方面具有吸引人的一种综合力量的具体体现。一个有人格魅力的人，往往能赢得广泛的喜爱与尊重，更能帮助其人生事业获得成功。

虽然普通心理学认为人格就是个性，但实际上人格包含的含义较广，它是以人的性格为核心，包括先天素质受到家庭、学校教育，社会环境等心理的、社会的影响，并逐步形成的气质、能力、兴趣、爱好、习惯和性格等心理特征的总和。每个正常的人，这些方面的表现都应是健康的，而具有人格魅力的人自然显得更优秀。

关于健康人格，从心理学研究看，以往心理学对人格的研究重点是"人性的疾病"（心理疾病）方面，但现在更关心"人性的健康"（心理健康）方面。心理学研究人性健康的目的是要打开并释放人的潜能，以实现和完善我们的能力。

那么，什么是健康的人格？具有健康人格的人的特点是什么？我们的孩子会成为有健康人格的人吗？心理学家们从各方面描述了健康人格的特征，我们还是来看看他们的描述：

奥尔波特：具有健康人格的人是成熟的人，成熟的人有7条标准：1.专注于某些活动，在这些活动中是一个真正的参与者；2.对父母、朋友等具有显示爱的能力；3.有安全感；4.能够客观地看待世界；5.能够胜任自己所承担的工作；6.客观地认识自己；7.有坚定的价值观和道德心.。

卡尔·罗杰斯（Carl Ransom Rogers，1902年1月8日–1987年2月4日，美国心理学家）：具有健康人格的人是充分起作用的人，充分起作用的人有5个具体的特征：1.情感和态度上是无拘无束的、开放性的，没有任何东西需要防备；2.对新的经验有很强的适应性，能够自由地分享这些经验；3.信任自己的感觉；4.有自由感；5.具有高度的创造力.。

中国心理学家网站发布的健康人格必须具备的6个标准：1.从单纯追求别人的赞同与慈爱转变为自由的感知与思考，能创造性地对待生活与工作。2.行为以坦率为特征而不以防御为特征。3.认识世界敏锐而客观。4.自我认可。5.以工作为中心而不是以自我为中心，把注意力放在问题上而不是放在自身上。6.把爱慷慨地献给他人与社会而不附加任何条件。

一个人如果真正具备了上述这些健康人格条件，再配以稳健的性格和良好的品格，那么他的人格就会显得更加高贵，自然是一位更有人格魅力的人。

人格健康的人在人类社会中是普遍存在的，追求人格高贵则需要更高的境界。品格高尚的人，人格才会高贵。比如，古今中外的圣贤们，他们堪称人格立格的楷模。中国古代的圣贤如尧、舜、禹、周文王（姬昌）、周公（姬旦）、老子（李耳）、孔子（孔丘）、孟子（孟轲）、庄子（庄周）、荀子（荀况）、鬼谷子（王栩）、孙子（孙武）、屈原等等。其他时代及今天也存在人格高贵的圣贤，比如舍身为民的人，救民于水火的人，为人类大众谋幸福的人，即便算不上圣人，也应该是有贤能的人，他们的人格都是高贵的。

## 5、立规格

这里的规格就是规矩，孟子《离娄章句上》中说，"不以规矩，不能成方圆；师旷之聪，不以六律，不能正五音；尧舜之道，不以仁政，不能平治天下"。孟子虽然主要是从理政治国方面来谈的，但完全可以适用于人类社会的各个层面。

这里的规矩，也就是能约束人或事的一系列规范。包括生活规范、学习规范、工作规范、法律规范、职业规范五个方面，它们相互依存并不断增强地存在于人生事业的各个阶段。每个阶段或各有侧重，或并立兼具。

对于学龄前儿童侧重于日常最基本的生活规范，对于学业中的孩子侧重于生活规范、学习规范和一些必备的法律规范，对于成人则是生活规范、学习规范、工作规范、法律规范和职业规范五个方面同时兼具。

| 生活规范<br>（宽、全） | 职业规范<br>（宽、全） |
|---|---|
| | 法律规范<br>（严） |
| 学习规范<br>（严、全） | 工作规范<br>（严、全） |

## 5.1 生活规范

生活规范主要包括起居规范、饮食规范、卫生规范和生活习惯四个方面。

### 5.1.1 起居规范

#### 5.1.1.1 学龄前起居时间

一般一岁以内每天睡眠不少无16小时。

3岁以内，每天睡眠不少于12小时。

学龄前，每天睡眠不少于10小时。

#### 5.1.1.2 上学阶段起居时间

中小学生时期每天睡眠不少于9小时。

正常起居时间21时致早上6时

#### 5.1.1.3 工作阶段起居时间

参照成人时间，确保准时上班

#### 5.1.1.4 成人正常起居时间

成年人睡眠每天不少于7小时。

中老年人的睡眠时间要适当多于青年人。

睡眠的最佳时间是晚上21时至22时~早上5时至6时。

起居规范，看似无关紧要，其实是影响体格健康和生活、学习、工作的重要因素。这些规范时间是为满足人的健康体格和生活、学习、工作的基本需要，是专业的科学的总结，虽然无须一成不变的死板执行，也应充分认识其重要性。即便因各种客观原因被打破，也应在保证生活、学习和工作正常需要的前提下加以修正。起居时间严重失调，不仅严重影响身体健康，自然也会对生活、学习和工作造成不同程度的负面影响。

### 5.1.2 饮食规范

#### 5.1.2.1 原则：讲科学，不偏食

#### 5.1.2.2 早餐：吃好

#### 5.1.2.3 午餐：吃饱

#### 5.1.2.4 晚餐：吃少

#### 5.1.2.5 非营养食品：尽量少吃

#### 5.1.2.6 垃圾食品：坚决不吃

一千七百多年前的晋代著名文学家傅玄所作《口铭》就总结出"病从口入"的道理，所以我们今天常说"吃出来的病"。据知今天常见的"糖尿病、高血压、心脏病、肾脏病、肝脏病、瘫痪、老年痴呆等疾病，都与饮食无节制有密切关系。现代医学已研究证明，过度的烟酒，可导致全身很多器官受损，引起180多种常见疑难病。若要从根本上解决问题，还是得管好嘴巴。"吃是维系生命和健康的需要，既是基本常识，又是不可忽视的科学认知，因此，在饮食规范中，从小就要养成良好的饮食习惯，并在不同的年龄阶段有所侧重。婴幼儿阶段，孩子饮食靠家长引导，形成良好习惯；成人阶段，自觉养成食不伤身；老年阶段，饮食需要自得其养。任何时候，病者的饮食，当遵医嘱。

### 5.1.3 卫生规范

**5.1.3.1 身体卫生：常洗漱**

**5.1.3.2 生理卫生：早知道**

**5.1.3.3 衣着卫生：勤换洗**

**5.1.3.4 家庭卫生：整洁好**

**5.1.3.5 环境卫生：常打扫**

归结起来就是对个人卫生、家庭卫生和环节卫生的规范。爱卫生是一个人、一个家庭、一座城市、一个国家文明程度高低的重要体现。因此一定要养成爱卫生的习惯，这不仅仅成为一句口号，而是必须见诸行动的具体事实。儿童阶段就要开始培养，不乱扔垃圾，将垃圾丢入垃圾桶，让他们体会到要创造一个清洁、卫生的环境是不容易的，要保持这种环境，每个人就必须爱卫生，从我做起，从现在做起，养成爱卫生的好习惯。

### 5.1.4 生活习惯

生活规范从日常生活中积累，上述生活规范良好，习以为常，便养成生活习惯。尤其对于学龄前后儿童，需要有意识地培养以下一些行为习惯。

**5.1.4.1 早睡早起。**每天应在八点时做睡前洗漱，八点半进入梦乡，第二天早上六点起床。如果担心孩子没有吃好早饭，可以为孩子准备一袋牛奶，在第二节课课间休息喝，更有助于孩子的身心健康（学校另有规定应遵从学校规定）。

**5.1.4.2 自己收拾书包。**让孩子根据课表检查装什么书。当天晚上要把第二天用的书装好，铅笔削好，本子放好，从小培养孩子主动做事的意识。如果家长代劳，就使孩子失去了自理能力。到学校后，自己整理书包的孩子上起课来，往往会更自信。

5.1.4.3 自己背书包。自己背书包上学，是孩子的义务，这是在告诉孩子：学习，是他自己的事，不能要别人为他代劳。背上书包，能培养孩子"自己的事自己做"的责任感。家长如果事事包办代替，孩子就会养成懒惰心理。

5.1.4.4 自己的事情自己做。入学前，家长要教会孩子必需的生活技能，如穿脱衣服，系鞋带，整理书包，遇到困难会寻求帮助，行走时不要跑、跳、不在马路上玩耍，会用钥匙开门，倒开水等。

5.1.4.5 养成自我保护的习惯。学前就要培养孩子懂得危险和自我保护，进入小学生活，孩子们的活动空间活动能力相对来说都要大的多，难免会与同学发生一些摩擦、碰撞、口角、甚至一些危险。所以在入学前，家长们要教育孩子学会保护自己。如走路不东张西望，游戏或体育活动时避免摔倒，不惹是生非，天冷穿衣热了要脱衣等。

以上是针对孩子的日常生活规范，引导孩子从小养成良好习惯，长大自然就会潜移默化了。


5.2 学习规范

学习规范主要包括家庭作息规范、家庭学习规范、学校学习规范、社会实践规范和学习习惯五个方面。

5.2.1 家庭作息规范

确保按时上下课，以此推算订立起居及交通时间。

5.2.2 家庭学习规范

包括完成家庭作业时间、预习复习时间、兴趣爱好时间等定时定量的安排。

5.2.3 学校学习规范

满足并符合学校的安排。

5.2.4 社会实践规范

包括遵守学校的安排和自我参加社会实践的安排，有详细完整的实践内容与达成效果。

5.2.5 学习习惯

学习习惯应成为家庭教育和学校教学规范的重要内容，应从课前准备、听写姿势、完成作业、每天阅读、每天交流和遵守时间六个方面加以约束，并形成良好习惯。

5.2.5.1 养成做好课前准备工作的习惯。有一句话叫做"成功总是为有准备的人而准备"，一个人的准备工作大到一项工程、一次竞选，小到一次作文、一次上课，让孩子学会事前准备，养成做事有准备的习惯，从课前准备工作开始培养。正常情况下，老师都会告诉孩子在课间休息时，就把下节课中的课本等用具放在课桌左上角，上课前两分钟进教室，坐在座位上。家长也可以日常强调。

5.2.5.2 养成正确写字姿势的习惯。对于学龄于五、六周岁的孩子，他们手部肌肉才开始发育，做精细动作的能力较差。握笔写字，对低年级小学生来说是比较费劲的，而且儿童学习写字的过程，正是手部肌肉发育的过程，因此要掌握正确的握笔方法。写字姿势一定要正确，保护好眼睛，避免近视。

5.2.5.3 养成完成作业，先作业后玩耍的习惯。每天查看孩子作业是否认真，读、写、算、默、背是否过关，有问题及时补救，并签字证明；保证"三个一"：一张桌子、一盏台灯、一个安静的学习环境。注意不要让孩子边看电视边做作业或做作业边吃东西等。

5.2.5.4 养成每天阅读的习惯。孩子学儿歌、听广播、看课外书和新闻节目等，为孩子准备一些有益的课外书籍并督促他每天定量阅读，养成读书的好习惯。（有能力的学生每个星期学会说一个故事，来培养孩子的表达能力，为以后写作文打基础）孩子多看书，有助于孩子的阅读写作能力的提高。

5.2.5.5 养成每天交流的习惯。家长要抽出时间，与孩子聊天，在交流中了解孩子的学校生活，了解孩子的想法，所遇到的困惑等等，并有意识地引导孩子多说出心里话。老师会安排学生每天写几句心里话。（日记的雏形）久而久之，学生的写作能力会潜移默化的提高。优秀的经验表明，家长最好抽出十五到二十分钟时间，和孩子一起看书，并为孩子大声读故事或者与孩子一起讲故事。能提高孩子的识字能力，朗读能力，也能开阔孩子的视野，锻炼了口语表达能力，一举多得。

5.2.5.6 养成守时的习惯。家长要准备一个小闹钟，并教会孩子看钟表。要有意识地规划好孩子的作息时间，调整孩子的生活起居习惯及常规，养成孩子自己准时就寝，准时起床的习惯。最好能与孩子共同制作一张作息时间表，并贴在孩子看得到的地方，并要求孩子一定要按照时间表去做。

总之，学习规范，学龄前由家长制定引导，学龄阶段家长协助孩子制定并督促遵守，成人也应有自我的学习规范。上述学习规范良好，习以为常，便能形成良好的学习习惯。

### 5.3 工作规范

工作规范主要包括作息规范、工作计划、工作任务、工作效果和工作习惯五个方面。

#### 5.3.1 作息规范

确保按时上下班或完成工作内容，以此确定起居及交通时间。

#### 5.3.2 工作计划

结合所要达成的不同目的，不同范畴、不同环节、不同岗位制定计划。可以精细到日计划、周计划、月计划、年计划，以及短期、中期、长期计划等。

#### 5.3.3 工作任务

包括依据计划需要完成的任务和临时任务。

#### 5.3.4 工作效果

工作完成情况的结果，包括完成与未完成，好与差，成功与失败等的检查与考核。

#### 5.3.5 工作习惯

上述工作规范良好，习以为常，形成工作习惯。工作规范是人生事业的基础规范，或由自我结合工作需要制定，或协同部门与单位制定，或遵从事业内部管理团队的需要来构建。

### 5.4 法律规范

法律规范主要包括各种法律基本常识、法规基本常识、制度基本常识和其他有关法律法规的基本常识。

### 5.4.1 各种法律基本常识

日积月累的记忆，或建立各体系、各环节、各岗位、各年龄段应知应会法律基本常识手册。

### 5.4.2 法规基本常识

日积月累的记忆，或建立各体系、各环节、各岗位、各年龄段应知应会法规基本常识手册。

### 5.4.3 制度基本常识

日记月累的记忆，或建立各体系、各环节、各岗位、各年龄段应知应会制度基本常识手册。

### 5.4.4 其他有关法律法规的基本常识

日积月累的记忆，或建立各体系、各环节、各岗位、各年龄段应知应会其他法律法规基本常识手册。

一般情况下，法律规范应是成长或发展过程中，具有常识性的应知应会法律常识；专用法律知识的延展，应符合岗位工作的需要，并纳入定期或不定期专业知识辅导，如可聘请专业律师作为法律顾问来指导。

## 5.5 职业规范

职业规范包括对岗位、职务和职业的规范。

### 5.5.1 岗位

结合不同的岗位制定，形成手册，要点上墙（日程可视）

### 5.5.2 职务

结合不同的职务制定，形成手册，要点上墙（日程可视）

### 5.5.3 职业

结合不同的职业制定，形成手册，要点上墙（日程可视）

没有职业规范，人生事业必定处于盲从状态，不仅制约人的学习、工作效率，而且直接阻碍人生事业的格局。孩子在完成学业选择职业时，有职业经验的家长可结合孩子的具体情况为孩子作出职业规划建议；对于能自立择业的孩子，最好也能听取有职业经验的优秀职场管理人士的建议。一旦入职，就应该及时建立起职业规范，开启良好的职业生涯。

自从引领人类文明发展进步的"规矩"诞生那天起，立规范、守规矩便成为人类社会的客观存在。从生活规范、学习规范、工作规范、法律规范到职业规范，有的是从耳濡目染的潜移默化中加以吸收，有的是从自觉的学习成长中养成，有的则是成长中不断地借助外界培育形成。同样地，修身、齐家和治国都离不开建立和遵从应有的"规矩"，即规格。规格不立，个人则散漫无度；规格不立，家庭恐分离无依；规格不立，国将不国。规格不立，世无秩序。

立规格的事例是从人的思维形成开始同时或被动接受，或潜移默化地养成，或主动构建的。它呈现在人或事业的每一个阶段，或每一个层面，或每一个环节。规格越健全的个人或事业，相应的格局越大，向善、向上、向利的目标就越高。每一个人都可以结合自身或认知范围内的人或事加以例证。

立格是人生事业的开端，良好的人生事业必然是从良好的立格开始的。立格的典型代表，我们可以依据上述五格从历史与现实生活中找到答案，也可以自己对照上述五个方面，检查自身的立格程度。体格、性格、品格、人格和规格五个方面我们随时都能结合自身或身边的人加以对照。

正确的立格是人生事业的正常公德，人有正确立格才能成为推动人类社会进步的主体力量。但也有格不立，导致德不配位，或者立格不健全导致失格，甚至自我毁灭的破格行为。比如那些没有社会公德的人，那些滥杀无辜的残暴之人，那些为满足自身利益而侵害他人生命财产的人，那些编造谎言和借口通过发动战争等武力手段造成无辜百姓失去生命或流离失所的人。包括人类历史每个阶段出现的暴君及其黑恶势力操众者，对主权国家发动侵略战争的操众者，一切邪恶势力的操众者，一些违法犯罪的行为等等。这些或许是没有立格，或许是立格不健全，或许是立格后的失格与出格，要么通过有正确立格的人加以阻止或根除（这是外在的守格干预），要么自身通过正确的立格，并通过立格后的守格加以克服或避免(这是内在的自我守格修复)。

# 第二节　守格
## 人生（事业）格局之守格

　　守格就是守规矩，就是要守住立格的规矩，即所立人生事业有关体、性、品、人、规五个方面的规矩。先贤关于如何守规矩就有很多有益的总结，如《论语·为政》子曰，"人而无信，不知其可也。"《韩非子·八说》，"圣王者不贵义而贵法，法必明，令必行，则已矣。"《韩非子·问辩》，"言无二贵，法无两适。"《管子版法》，"求必欲得，禁必欲止，令必欲行。"《史记·游侠列传》，"言必信，行必果，已诺必诚。"宋·朱熹《宋名臣言行录》，"守正直而佩仁义"。法国有句很好的谚语，"遵守秩序最有礼"；中国谚语也说，"一言既出，驷马难追。"这些经典名言都无不指向，说到就要做到，这也是守格。

　　当人或事业立格之后，接下来自然需要去坚守。只立不守，立则无济于事。立应立之格，守已立之格，切忌猴子搬包谷，否则也谈不上你已立格。守住所立之格，方能明白何为失格与出格；有了守格之念，方能穷究破格之道。

### 1、守所立之格

　　即体格、性格、品格、人格、规格五格之外，还需有规范的载体——岗（岗位）、职（职务）、业（职业）的坚守

| 体：体格 健、弱、病 | 品：品格 优、良、差 |
| | 人：人格 智、品、性 贵、雅、俗 |
| 性：性格 急、稳、柔 外、中、内 | 规：规格 宽、严、全 岗、职、业 |

1.1 潜意识的时常针对所立之格自省与反省

孩子儿童时期，这种意识尚未形成，或不健全，家长有五格思想，则会促成孩子在成长过程中逐步养成。成年后，优秀的孩子就可时刻自省与反省，成年人理当如此。

《论语》学而篇，曾子曰："吾日三省吾身——为人谋而不忠乎？与朋友交而不信乎？传不习乎？"，就是这个道理。

1.2 修正不足，防止失格

《史记，淮阴侯列传》，"智者千虑，必有一失"。人无完人，金无足赤，因此，失格在所难免。失格自然是一种错误，但失格并不可怕，可怕的是失格而不及时纠正。失格而不纠正，就会破格，甚至走向反面。如若所立五格都有丧失，则人生事业格局自然就小了。

《论语》学而篇，子曰："君子不重，则不威；学则不固。主忠信。无友不如己者。过，则勿惮改。"就是说，犯错后不要害怕改正。

《论语》为政篇，子曰："道之以政，齐之以刑，民免而无耻；道之以德，齐之以礼，有耻且格。"也涉及到理政如何感化人及时改正错误。

## 2、守格具有一定的阶段性差异

2.1 守各阶段应守之格

不同阶段有不同格的要求，在立格之后就应该努力坚守，避免失格。这里的阶段性，包括，人不同的成长阶段、学习阶段、工作阶段所立之格。

首先是合理制定各阶段所立五格，然后才是如何信守五格。

2.2 守不同体系、不同阶段、不同环节、不同岗位特有之格

每个体系不同阶段、不同环节、不同岗位又有各自格的要求，同样是首先建立五格，然后才是如何信守。

### 3、守格不是一成不变的，不同阶段，不同环境下有增减变化

3.1 及时增补需要之格，成为新的守格内容

同一体系的不同阶段、不同环境下可能有格的变化，需要及时的增补完善，使之成为新的信守之格。

3.2 放弃减少明显不适之格，区分失格与破格

在守格过程中，如果发现明显不适之格，应及时提出加以修正或放弃。一要避免因守格而失格，二要避免守破缺之格。

### 4、守格具有一定的灵活性，它的极限就是破格

4.1 日积月累的养成习惯是守格的基础

明确了五格之实，就需要通过日积月累地形成守格意识，养成守格习惯，时常警醒自己，做到不失格。

4.2 失格的后果与修补

失格的最坏结果是造成不可弥补的破格，而对于可以弥补的失格，就应该进最大努力去修正，重新做一个合格者。

所立五格的任意一格完全丧失，皆不可避免地导致完全破格。所立五格中任意一格部分缺失，则可修之。

现实生活中的失格也总是伴随着守格而存在。有的失格可以补救、挽回，比如一些个人行为的过错；而有的失格则是一失足成千古恨，最终导致不可挽回的被动破格，比如一些违法行为。如网载谋知名上市公司董事长王振华曾经职位光鲜，是令人敬仰的"全国劳动模范"，因立格不守、道貌岸然，违背道德底线，猥亵9岁女童，引起公众的愤怒，被称为"不配称之为人"的"恶魔"董事长，最终被正式撤销劳模称号并受到法律制裁，遭致自我毁灭的破格。

然而，也时不时出现有辱国格，甚至丧失国格的新的跳梁小丑。如新冠病毒期间，某大学毕业留学美国的许可馨，多次在网络发表有辱国格的言论，受到广泛谴责。

这些年现实生活中存在的一些所谓"公知"，他们时不时造谣传谣，信口开河，煽风点火，其言行也免不了为敌对势力摇旗呐喊，有辱国格。如近期闹得沸沸扬扬的某大学梁姓教授，就引起了人民群众的公愤！最后落得开出党籍，记过处分，取消其研究生导师资格，停止教学工作。

有的公然转发美化日本帝国主义和八国联军侵华给中国人民造成深重灾难的铁的历史事实！

有的使用公认的日本贬损中国及东南亚人民的词汇侮辱国人尊严！

这些德不配位的所谓"公知"教授怎配站在教书育人的立格之位呢？

近段时间香港"废青"暴乱中的"港独"分子，持续叫嚣的"台独"分子等，联合西方反华势力制造民族分裂，完全丧失国格，也必将钉在历史的耻辱柱上。

最可耻的失格是为达到自己的目的而伤害他人，这方面今天最典型的例子莫过于美国政客蓬佩奥。在突如其来的新冠病毒covid-19疫情爆发后，由于其所在的美国特朗普政府防控不力，漠视美国人民的生命，导致美国超过超三千万人感染，超五十万人死亡的灾难性恶果，而这一数据还可能远远不是真实的数据。蓬佩奥等政客丧失人格，推卸责任，不从自身找原因，不把精力用在防疫抗疫挽救美国人民生命上，在全世界科学家对病毒来源尚无定论的情况下，反而不断的编造谎言，大肆喷毒造谣，甩锅前政府、甩锅世卫组织、甩锅中国，其表演完全是心知肚明的恶意失格，这种人必将成为"人类命运共同体"的公敌！就连美国自己的主流媒体《纽约时报》也载文称其为美国历史上"最差的国务卿，没有之一"。

（美国政客，国务卿蓬佩奥）

如今，我们只能说，做人不能蓬佩奥！除非他能修正自我，重新立格，进而守格来确保自身的人格健全。

区分所立五格不同的失格情况，程度大小，或修补完善，或顺势破格。顺势破格的前提，是能立所守之新格。

总之，所立五格中，规格是保持现状的必要条件，守规范即是保持好现有状态。现有状态包括不同体系或同一体系中不同阶段，不同过程的岗（岗位）、职（职务）、业（职业）的状态。要守住自己的岗、职、业，就得守格。

现实生活中守格的例子每时每刻都在发生，守格简单地讲就是守规矩，无论我们每个人或者企业、团体、社会组织，时时刻刻都应首先处于守格的状态。下面略举几个典型事例，窥见一斑。

从整个国际事件看，美国特朗普政府破坏世界多边主义国际秩序，推行美国优先的单边主义，我国则通过构建"人类命运共同体"协同世界大多数国家维护世界多边主义，共同繁荣进步，这种维护就是对多边主义格局的守格之举。

从局部国际事件看，美国特朗普政府退出"伊核协议"，破坏局部国际协定，伊朗、欧洲及中俄等国则极力维护该协议，这种维护就是为了守格，守住"伊核协议"所构建的局部国际安全平衡。

从国家层面看，中华民族通过艰苦卓绝的"八年抗战"赶跑了日本帝国主义的侵略，以伤亡3500万中华儿女的惨痛代价捍卫了国家民族的独立，这是一次伟大的民族守格。古今中外，类似这样保家卫国的民族守格大量存在。如历史上两次世界大战中各国人民争取民族独立的斗争，曾经的伊拉克战争、科索沃战争，眼前的阿富汗战争、叙利亚战争、利比亚战争，持续的巴以冲突等等，一方是为了破格，而另一方就是为了守格。

从思想体系看，世界不同的宗教信仰，民族文化体系都具有各自独立的立格规范，尊重、维护其信仰就是守格。如，基督教相信创造天地万物的圣父、圣子与圣灵三位一体独一真神，相信主耶稣有绝对的神性，经典是《圣经》；伊斯兰教信仰的真神是真主安拉，先知是默罕默德，经典是《古兰经》；佛教信仰情感、理智的因果关系等，经典有《大藏经》《心经》等。中华民族构建起了对儒家文化思想的信仰，不同时代也还有不尽相同的文化思想，我们今天就是对马列主义毛泽东思想及其与时俱进的思想智慧的信仰。

    从艺术形式看，我们以诗歌为例。从诗经、离骚、汉乐府诗、唐宋律绝词、元曲，外在形式与内在结构的建行、组节、成章都有其共同的规律押韵与音步节奏对称或对称的组合（或基本对称），构成诗歌外在形式的共性特征。可能有人会反驳古典诗词不分行的，但事实上我们完全可以结合断句来分行排列，以便与今天的新诗分行排列形成统一的外在形式来考察。五四新文化运动开始，诗歌领域掀起打破传统格律，创建新诗体，这个过程中，误译的西方诗歌外在形式特征完全打破并放弃了中华诗学传统的诗歌美学形式特征，形成完全自由化的另类诗体；而格律体新诗（也称现代格律诗）则追求继承中华诗歌的外在美学形式特征，这种继承就是守格，守住中华诗歌的共有格律特征。下面自己的一首小诗《这个春天》即可作为参照。

这个 | 春天 | 不平凡 ……………………………… 3

肆虐的 | 病毒 | 从武汉 | 扩散 …………………… 4

凋谢了 | 一脸的 | 灿烂 ……………………………… 3


毒牙 | 打开了 | 利刃 ………………………………… 3

挥向那 | 正待 | 萌动的 | 花瓣 …………………… 4

还带着 | 嚣张的 | 气焰 ……………………………… 3


一群 | 护花的 | 使者 ………………………………… 3

逆行，集结，拼死 | 向前 ………………………… 4

要拼死 | 摘下 | 那 "新冠" …………………………… 3


他们 | 敢以牙 | 还牙 ………………………………… 3

他们 | 也敢于 | 把毒芽 | 咬断 …………………… 4

要以毒 | 攻毒地 | 围歼 ……………………………… 3


而我，是一只 | 报春的 | 鸟儿 …………………… 4

在红梅 | 的枝头 | 助威，呐喊 …………………… 4

从继承中华诗词有规律押韵的传统看，采用了有规律地押"an"韵；从节奏的对称规律看，前四节完全对称，每一小节均为3-4-3音步节奏，最后一节作为变体，但采用了4-4音步对称节奏。这样的诗节与节内节奏构建、诗行的字数则是根据诗情的需要自由实现的，有规律押韵和节奏对称是限制性格律要求，诗成于限制中的自由。

其他任何艺术形式，如书画、音乐、舞蹈、戏曲等，都有自己的格（包括风格），艺术的传承都需要守格，这里不再赘述。

从爱情婚姻家庭看，结婚生子、教育培养、养老尽孝，维护家庭的和谐美好而不破裂就是守格，守住一个完整的幸福家庭。从自己、身边亲朋好友以及社会名流的耳闻目睹可以参照。

从企业行为看，大的方面，企业的设立和生产经营都要符合相关法律法规，这种符合就是守格。比如，不从事国家禁止的经营项目，不从事超出企业营业执照范围的项目等。小的方面，遵守企业内部各环节的相关管理制度，这也是最基本的守格行为。比如，不违反企业行政人事制度，不违反岗位责任制，不违反财务管理、生产管理、技术质量管理、采购供应管理、销售管理等生产经营过程中的有关规章制度。可以结合自身企业情况和个人行为来对照。

从个人行为看，"大我"方面，革命英雄人物敢于抛头颅、洒热血，这是对信仰的坚守，比如中华民族抗日战争中的仁人志士张自忠、左权、王铭章等，革命战争年代牺牲的英雄与仁人志士董成瑞、刘胡兰等；"小我"方面，每个人（包括成人与孩子）每个阶段、每个环节、每个层次都要学会守规矩，不违纪违法，这是最基本的守格，可从自己和身边的人加以对照。

# 第三节 破格
# 人生（事业）格局之破格

破格就是部分或全部打破固有或现存的立格与守格状态，包括主动破格与被动破格两个方面。《周易·系辞下》说，"穷则变，变则通，通则久。"这里的穷指的是极限，可以引申为格的临界点；这里的变就是改变、变化、打破，可以引申为破格；这里的通则是持续地向上、向利的发展。事物发展到了极点，就要发生变化，才会使事物的发展不受阻塞，事物才能不断地发展。这是主动破格的转化。

然而，被动破格也是不可避免的。有立就有破，格若守不住，自然被打破，破格是与人或事紧密相随、不可分割的。破格包括体格、性格、品格、人格和规格的打破，是破所守之格。化解破格之道的关键是要区分被动破格与主动破格，并结合其原因、条件和目的针对性破解。尤其要理清抓住机遇主动破格，尽力避免永不打破之格。

## 1、破格是破所守之格

破格一是打破所立之五格，二是改变了现状。破格可能受客观条件变化，或不可预知的变化影响，这如同不可抗拒的天灾人祸；破格也可能是无意被打破，也可能是被恶意打破；破格还可能是主客观条件成熟后，自己主动打破。

破格之后，一是重新立格，二是建立新格。不论是重新立格还是建立新格，都要重新回到守格的循环中。

破格原因可能错综复杂，破格是可以区分其程度大小的，所立五格中，任意一格全失，都会导致人身事业本质的变化，因此一定要坚守永不能打破之格。

永不能破之格，可以结合人生事业不同阶段、不同过程来梳理，以示自己保持清醒状态。

体格破了，生命消亡

性格破了，麻痹思想

品格破了，思不健康

人格破了，万事皆丧

规格破了，重立新纲

体、性、品、人四格的打破容易理解，一次事故或大病可能失去体格，没有良好的教育培养可能失去性格与品格，甚至失去人格。体格虽受先天的影响，但后期的保养也必不可少；性、品、人三格则更多的是靠后天的培养与塑造。而现状规范中永远蕴含体、性、品、人四格，所以我们能从规格即规范现状的主动破格和被动破格来解破格之道。

## 2、破格分被动破格和主动破格

2.1 被动破格，由好向差的转化为主，也可能成为由差向好的转化，均存在外在或自身内在因素的变故。

生活现状，变差

学习现状，变差、降级

工作现状，降级、失业

企业现状，向差、减产、关停

2.2 主动破格，由差向好的转化为主，也可能出现由好向差的转化，自身内在因素为主，存在外在影响。

生活现状，变好

学习现状，变好，晋级

工作现状，增收、晋级

企业现状，向好、增效、扩能、扩张

### 3、被动破格原因及其对策

主客观的原因均可导致被动破格，如果因为客观因素被迫破格，则人生事业一是要争取回到原位，二是重新选择，在选择后立格与守格，进入新的五格循环。如果因个人主观原因导致被动破格，则只能是重新选择后立格与守格。

化解被动破格之道，就在于破格后转化为主动建立新格。

### 4、主动破格的条件及其目标

主动破格是改变现状的首要选择，当现状不能再满足自我时，往往需要主动破格。主动破格以向上、向善、向利为目标，因而需要具备相应的主客观条件。这些条件包括：一是原有格局已经被打破，二是新的内在五格已经形成。

### 5、破格具有目的性，它的极限是永远不能打破的格

破格的目的是向上、向善、向利，一经条件成熟，就当主动出击。否则，就会在拖沓与优柔寡断中错失良机。这些目的性主要表现为以下方面：

破格进步　破格升级　破格升职　破格用人　破格发展

破格打破极限，取得更大的格局，我们可以从下面的实例中得到启示。

我国"杂交水稻之父"袁隆平则是不断破格提升水稻产量，为解决人类的温饱问题作出了不可磨灭的伟大贡献！我们梳理下其产量的破格进程。2000年实现大面积示范种植亩产超700公斤；2001年实现大面积示范种植亩产超800公斤；2011年实现大面积示范种植亩产超900公斤；截至

2012年，累计示范推广面积2000多万亩，增产20多亿公斤，确保粮食持续稳定增产；2013年示范种植亩产接近1000公斤；2018年在海南示范种植亩产超1000公斤。袁隆平杂交水稻亩产的每一次突破，都是堪称对人类生存的破格贡献。而今袁隆平虽然年过九旬，他还有更大的破格愿望，实现杂交水稻"禾下乘凉"，这是多么伟大的破格构想！

杂交水稻之父：袁隆平

一些优秀的企业家通过自身不断的主动破格，带来企业一步步破格做大做强，取得人生事业的最大格局。历史上这样的典型事例很多，当今时代国内马云和他构建的阿里巴巴，任正非和他构建的华为等等；国外比尔盖茨和他构建的微软等。

破格打破极限，导致失去生命、或失去家庭、或违法入狱、或事业破产、或导致各种破坏等。下面的实例可以得到启示：

1、2008年的中国毒奶粉事件，就是恶意破格危害健康，最终导致失去生命的行为。

2、2010年的"我爸是李刚事件"，则是典型的因其子人格破裂而损害家庭的"坑爹"行为，并造成极坏的社会负面影响。

3、美国总统特朗普上台后，大搞"美国优先"，不断"退群"，其实就是对既有稳定国际关系的破格，导致实质性的破坏。如，退出伊核协议、联合国教科文组织、巴黎气候协定、TPP、联合国人权理事会、万国邮政联盟、中导条约、北美自贸协定等等。新冠病毒"COVID-19"爆发后，美国特朗普政府应对无力，完全失控，造成超千万美国人感染，超五十万美国人失去生命的惨案，还不断甩锅中国，暂停世卫组织经费，威胁退出世卫组织等，一系列破坏国际关系的破格行为。

美国前总统特朗普

4、在2008年金融危机中，拥有资产规模6910亿美元的雷曼兄弟控股公司，资产规模3279亿的华盛顿互助银行，资产规模1039亿的世界通信公司等世界五百强企业因各自不同的原因纷纷破产倒闭，导致无法挽回的企业破格。日常经营活动中因各种各样的经营不善而破产倒闭的企业时有发生，不再一一列举。

主动破格与被动破格，对破格双方同时呈现的实例。如发动战争，各国朝代的更迭，美国借口"化武"推翻伊拉克萨达姆政权的"鲍威尔洗衣粉事件"等，这同时还涉及到破格与守格等问题。

破格打破极限，完全丧失国格，永远会被钉在历史的耻辱柱上。不同时期都有因破格而出现的汉奸卖国贼，如《史记·匈奴列传》载，历史上第一个汉奸卖国贼西汉时期的中行说，投靠匈奴，为匈奴出谋划策，侵扰自己的祖国。当下也不乏这样的汉奸卖国贼，近日网载美国《华盛顿时报》刊文称，南开大学历史系余茂春，1985年前往美国，成为美国加州大学教授后完全背离自己的祖国，成为当今美国对华强硬政策制定的重要人物，甘当美国反华先锋蓬佩奥的智囊，积极参与遏制中国的发展。

其他破格后通过创格重新获得升格者如传奇企业家褚时健、女版"褚时健"吴胜明等。

　　褚时健从风光的大国企集团董事长，全国"十大改革风云人物"，到71岁因经济问题被判无期徒刑，因病保外就医，74岁承包荒山种橙第二次创业，后减刑释放，84岁成为"中国橙王"，其橙称为"褚橙"，2014年12月18日，87岁，荣获由人民网主办的第九届人民企业社会责任奖特别致敬人物奖，再次赢回光鲜的人生，91岁去世。

褚时健

　　女版"褚时健"吴胜明，走私犯法，1986年，54岁被判死缓入狱，失去丈夫和女儿。72岁出狱当清洁工，75岁再次创业，投身现代农业，82岁公司市值上亿，成为亿万富婆，并力助公益事业。实现了人生价值的大反转。

吴胜明

　　发生在我们每个人身上的主动破格与被动破格，我们可以列举对照分析，考察是否做到抓住时机破格，是否坚守了永无打破之格。

# 第四节　升格
## 人生（事业）格局之升格

升格，就是为进一步向善、向上、向利，打破固有或现存状态，进入更好、更高的阶段，或实现更大的目标。升格是人生或事业追求的更高目标，缺少或失去升格的意识，个人就会失去上进心，事业就会停滞不前。先秦荀子《劝学》，"不登高山，不知天之高也；不临深溪，不知地之厚也。"升格是需要志气的，三国曹操《步出夏门行·龟虽寿》，"老骥伏枥，志在千里。烈士暮年，壮心不已。"南朝·范晔《后汉书·耿弇传》记述东汉光武帝刘秀所言，"有志者事竟成也"。所以，胸有凌云志，无高不可攀。

升格离不开创新，创新乃圣人之训。创新包含人生事业的每一个环节、每一个层面。一个按部就班的人，几乎不可能实现人生事业的升格。先秦《周易·系辞上》就说，"日新之为盛德"，即每天都有新的变化叫大德。所以儒家经典《礼记·大学》其《盘铭》篇说，"苟日新，日日新，又日新。"新，是新的变化；新，是新的开始；新，是新的创造；新，是升格的前提和条件。

从升格在人生事业中的具体表现形式来看，升格就是生活水平的改善，升格就是学习、职位的提升，升格就是技术的进步，升格就是人生事业更大的发展。升格的极限就是人生事业格局的最大化。

| 体：体格<br>健、弱、病 | 品：品格<br>优、良、差 |
| --- | --- |
| | 人：人格<br>智、品、性<br>贵、雅、俗 |
| 性：性格<br>急、稳、柔<br>外、中、内 | 规：规格<br>宽、严、全<br>岗、职、业 |

## 1、升格包括主动升格和被动升格

人生内在五格往往不是一蹴而就修炼完善的，所以本身就存在需要主动升格的动能，而被动升格，往往具有不确定因素，甚至是"无心插柳"的事情。但当内在五格修为到了极致，那么被动升格就多了契机。

另一方面，主动破格本身为的是升格，个别时候被动破格也能导致升格，但这首先是具有内在五格的良好修为。

被动升格与主动升格，都需要在升格后建立新格，重新回到外在五格的循环中。否则，一旦新格被破，又会因破格而退化，而达不到向上、向善、向利的目的。

下面仅破解主动升格之道。

## 2、升格的要素条件

升格的要素条件包括两个方面，即内在五格修为良好和外在升格条件满足，任何个人，任何企业，任何时候，任何阶段，只要具备了这两个条件，就会有了升格转化的动能。这个时候，只要抓住时机，就能达成升格之目标。

内在五格修为良好，即体格健康，性格稳重，品格优良，人格健全，懂得规范。内在五格修为良好是达成升格的前提条件，一个内在五格修为严重失格的人，就不会得到升格机会的眷顾。宋《太平御览·人事部》所记大儒学家朱熹语，"志大量小无勋业可为"，就是这个道理。

外在升格条件具备，即个人或事业在某一时间或空间节点升格条件已经达成，机会已经出现。时间节点包括孩子学习的某个学期，个人升职机会的某个时间，企业规模与盈利能力升级的时间等；空间节点包括，孩子学习环境的变化，个人职业环境的变化，企业生存环境的改变等。

内在五格修为良好与外在升格条件具备二者不可或缺，它贯穿于孩子学习进步，个人健康成长，个人事业发展和企业发展壮大的每一个阶段。具体到不同的个人与企业，我们可以针对性地去对照考察。

### 3、升格的目标设定

升格是向上、向利的结果导向，因而我们应为升格设定既有的目标，目标的实现就是升格的达成。人生事业中包含各种各样的升格目标，不同的个人，不同的企业都有其不同的升格需要，但我们可以归纳出具有普适性的基本目标，或者说首要目标。包括生活质量的提高、学习成绩的提升、岗位能力升职、产品技术升级和企业发展扩张等具体目标。

生活质量提高，就是通过升格不断满足个人与家庭生活质量与幸福指数的提高，吃、穿、住、行有不断提升的优越感。

学习成绩提升，就是通过升格取得学习成绩的提升，包括在班级或更大范围成绩名次的提升，考入各阶段理想的学校。

岗位能力升职，就是通过升格实现职位的升迁，从员工到班组长，从班组长到科长（部门经理），从科长（部门经理）到局长（总经理）等向上职位的提升。

产品技术升级，就是通过升格达成产品技术升级或换代，避免现有产品失去市场竞争力或可能被市场淘汰。

企业发展扩张，就是通过升格使企业从小规模发展到中型企业，从中型企业发展到大型企业；或者从单一公司发展到集团公司；或者从国内企业发展成跨国企业等。

注：每一具体升格目标，需要明确指定，并有充分的准备。

### 4、升格后重建新的立格与守格

当个人或企业达成升格后，要及时依据升格变化重新立格，建立升格后的内在五格，以信守各自的升格目标。升格后新的立格不是从零开始，而是结合新的变化增添新的内容，使之成为新的守格的组成部分。

同时，要适应升格带来的新的变化，还要摒弃旧格之不足。有的则是完全改变旧格，必须进行某些方面的重新立格，才能满足新的升格的需要。

升格后的新格，不是单一的立格完成就自然适应新的需要了，它同样要再次回到内在五格与外在五格的循环中，才能继续推动达成更高的向上、向利阶段。

## 5、升格具有不确定性，升格的极限受内外在因素制约

升格虽不能一蹴而就，但应有坚定的信念，屈原《离骚》，"路漫漫其修远今，吾将上下而求索。"升格本身具有不确定性，升格也是有极限的，一是不能无限地升格，而是升格也可能失败。有因目标过高而升格失败，有因升格后估计不足而失利，有因升格后新的失格而退化，有因升格后无所适从而降格。

无论何种情况主动升格不成功，甚至因升格失败而导致退化，同样应回归重新立格阶段，重建新的内在五格与外在五格，再次进行新的五格循环向上。

但主动升格因智慧而产生，把握升格的天时、地利、人和，充分享有向上、向善、向利的目标。

我们从任正非和他领导的华为来看，是如何一步步实现成功的升格的。首先梳理下任正非和华为的升格节点。

1、任正非1963年就读于重庆建筑工程学院（现合并为重庆大学），虽受时政影响，仍自学大量逻辑学、哲学、外语知识，毕业后就业于建筑工程单位。

2、任正非1974年应征入伍成为基建工程兵，参与辽阳化纤总厂工程建设任务，历任技术员、工程师、副所长。

3、任正非1978年出席了全国科学大会，1982年成为中共第十二次全国代表大会代表。

4、1987年，任正非集资21000元人民币创立华为技术有限公司，创立初期，华为靠代理香港某公司的程控交换机获得了第一桶金。1988年任华为公司总裁。

5、1989年，自主开发PBX技术。1990年，开始自主研发面向酒店与小企业的PBX技术并进行商用。

6、1991年9月，华为租下了深圳宝安县蚝业村工业大厦三楼作为研制程控交换机的场所，五十多名年轻员工跟随任正非来到这栋破旧的厂房

中，开始了他们充满艰险和未知的创业之路。

7、1992年任正非孤注一掷投入C&C08交换机的研发，并推出农村数字交换解决方案；1993年年末，C&C08交换机终于研发成功，其价格比国外同类产品低三分之二，为华为占领了市场；1994年，推出C&C08数字程控交换机。

8、1996年，推出综合业务接入网和光网络SDH设备试水香港，1997年进军俄罗斯独联体市场，1998年进入印度，2000年进入中东和非洲；2001年迅速扩大到东南亚和欧洲等40多个国家和地区，2002年进入美国。截止2016年底，华为在全球168个国家有分公司或代表处。

9、2003年1月23日，思科正式起诉华为及华为美国分公司，理由是后者对公司的产品进行了仿制，侵犯其知识产权，最后和解。

10、2003年，任正非荣膺网民评选的"2003年中国IT十大上升人物"；2005年入选美国《时代》杂志全球一百位最具影响力人物。

11、2016年8月25日，全国工商联发布"2016中国民营企业500强"榜单，华为投资控股有限公司，以3950.09亿元的年营业收入，成为500强榜首。

12、2018年10月11日，华为和百度在5G MEC领域达成战略合作，5G成为引领世界通讯的全新技术。截至2019年6月6日，华为已在全球30个国家获得了46个5G商用合同，5G基站发货量超过10万个。

13、2019年1月24日，华为发布了迄今最强大的5G基带芯片Balong5000。2019年4月，任正非上榜美国《时代》杂志（Time）2019年度全球百位最具影响力人物榜单；入选2019福布斯年度商业人物之跨国经营商业领袖名单；2019年度中国经济新闻人物。

14、2019年5月，美国将华为列入"黑名单，"7月9日，美国商务部宣布解禁对华为供货；此后，美国政客不断向西方各国施压，要求禁用华为5G产品。

15、2020年2月，以210亿元人民币财富名列《2020世茂深港国际中心·胡润全球富豪榜》第903位，任正非宣布退出公司董事会。

任正非和华为公司的成功可以看出，年轻时的任正非就有破格向上的强烈愿望，在他大学毕业到创办华为之前，已做好了足够的知识储备，为更大的升格发展奠定了基础。1987年任正非集资21000元人民币创立华为技术有限公司是第一次大胆的主动破格，1992年新产品的成功研发，开启了第一次升格发展之路，迈向了创新升级走向世界的新的高度。2018年华为5G通讯技术的开发应用，使华为拥有多项世界第一的核心专利技术，这是任正非和华为第二次创新升格，开启世界通讯技术新时代，一时间引发了长期技术垄断的西方世界的恐慌！特别是美国特朗普政府以国家之力试图在全世界范围内打压华为，不惜扯下伪装的人权卫士面具，非法拘捕软禁任正非的女儿华为CFO孟晚舟已近三年，恶意打压华为，用非文明的手段破坏华为新技术对人类文明的贡献，堪称人类历史上绝无仅有的不光彩手段。这从另一个角度说明，任正非和华为从破格到升格的创新产生了多么强大的社会影响力！

华为总裁任正非

　　我们每一个人，每一个企业如何构建自己的升格之路呢，完全可以结合自身的现状来对照考察，以期为成功升格找到各自的路径。

# 第五节　创格
# 人生（事业）格局之创格

创格就是为升格而主动打破固有或现存状态。创格就是通过创新、创造、创建、创立而改变现状。创格是人生事业的高级目标，有创格之思，自然就有创新意识。人或事业唯有创新，方能立于不败之地。

创格就是主动破格，中国著名科学家李四光曾说，"我们要记着，作了茧的蚕，是不会看到茧壳以外的世界的。"创格就是求变，[先秦]《周易·系辞下》，"穷则变，变则通，通则久"；[先秦]《韩非子·五蠹》，"事异则备变"；[先秦]《庄子·天运》，"礼义法度者，应时而变者也"。创格就要除弊；《宋史·卷三五一·赵挺之列传》，"法若有弊，不可不变"；[宋] 朱熹《朱子语类辑略》，"革弊，须从源头理会"。创格当然更是求新，[先秦]《周易·系辞上》，"日新之谓盛德"；曾为美国商业偶像第一人的李·艾柯卡说，"不创新，就死亡"。足见创格是多么的重要！

一个人的人生事业，或一个企业的成长发展，立格是基础，守格是必要，破格是改变，升格是进步，创格则是为了更大的发展。

虽然《孟子》说，"不以规矩，不能成方圆"，这个规矩亦如我们所立之格。仅有规矩而不思变，一味地因循守旧，则就没有更大的成长与发展。变，一则是对规矩的灵活掌握与应用，二则是变格发展，当条件成熟时，及时打破原有的条条框框，创立新格，适应新的发展需要。

| 体：体格<br>健、弱、病 | 品：品格<br>优、良、差 |
|---|---|
| | 人：人格<br>智、品、性<br>贵、雅、俗 |
| 性：性格<br>急、稳、柔<br>外、中、内 | 规：规格<br>宽、严、全<br>岗、职、业 |

### 1、创格的要素条件

创格的核心要素是人，人是一切事业发展的根本。其次是客观物质条件能够满足创格的各种条件，再次是天时、地利、人和等环境因素。创格是主动行为，有时也是客观条件达成后的被迫行为，或自然行为。创格大多是一个人持久的知识积淀在主客观条件都满足时，或水到渠成，或偶然爆发。

创格包括技术或产品的发明创造，也包括制度体系的创立，还包括新的企业或组织的设立。人有了创格，人生事业随之向上、向善、向利发展；企业有了创格，企业随之向上、向善、向利发展。

人有创格的动能，个人格局自然最大化；企业有创格的动能，企业发展自然最大化。

### 2、创格是破格的最高形式

既然创格的最终目的是个人格局与企业发展的最大化，创格自然是破格的最高形式。今天，国家提倡"大众创业，万众创新"，就是为了最大限度地激发大家的创格热情。

只有通过创格，才能打破旧的条条框框，走出新的路子。

只有通过创格，才能避免因循守旧，停滞不前。

只有通过创格，才能实现自主创新，不被别人牵着鼻子走。

只有通过创格，才能改变落后现状，获得更好、更快、更大的发展。

只有通过创格，才能实现人生格局的最大化。

只有通过创格，才能实现企业发展的最高目标。

### 3、创格的偶然性与必然性

创格主要是主动行为，是始于人的主观能动性，但也存在偶然突变的不确定因素的激发，这些偶然情形包括以下一些情况。

现有之格被他人偶然打破，需要创立新格。

现有之格被自己偶然打破，需要创立新格。

现有之格被客观现实打破，需要创立新格。

现有之格被不可抗力打破，需要创立新格。

## 4、创格的极限是永无破格

因受人类自身智力和能力，以及各种主客观因素的综合影响，不管是一个人，或者一个企业，创格都有其极限，在一个固有的格局范围内，无法实现永无止境的破格。

单从个人行为看，内在五格的每一个方面都有其永无打破之格。体格不能消亡，性格不能全失，品格不能全无，人格不能无底线，法律法规更不能违犯。

单从企业过程来看，人是企业过程的基本因素，人的局限也决定了与之相应的企业能力极限。此外，还受企业自身主客观因素的制约。

正因为存在永远无法打破之格，所以，人与企业都要优先确保守格，只有在守常求变中突破，寻找创格的平衡点。

世界上从古至今所有的发明创造、创新都属于创格范畴。有的发明创造与创新对自己个人受用，有的发明创造与创新对自己所在的团体受用。有的发明创造与创新引领一时，有的发明创造与创新引领一世，有的发明创造与创新引领若干时代，甚至推动整个人类历史文明的发展与进步。这方面的案例数不尽数，影响个人和局部的暂且不论，就其影响人类社会深远的成就而言，有如中国古代的四大发明（上古皇帝发明指南针、汉代蔡伦发明造纸术、起源于汉代炼丹到唐孙思邈正式配制的火药、宋代毕昇发明活字印刷术）等；再如当今国内外的各类高精尖科学技术的产生与应用，如电、电灯、电话、蒸汽机、火车、飞机、电子计算机及其应用软件系统、互联网技术、卫星、GPS导航、北斗导航、各类武器等等。这些发明创造，都是在创格的思想转化为行动下实现的，有的为一个人所为，有的则是在总结继承前人成果的基础上的创造与创新。

我们以计算机时代的引领者比尔·盖茨创立微软为例，简述其创格成功的巨大成就。首先梳理下比尔盖茨的人生历程：

1、比尔·盖茨1955年10月28日出生于美国华盛顿州西雅图，企业家、软件工程师、慈善家、微软公司创始人；

2、比尔·盖茨13岁开始计算机编程设计，18岁考入哈佛大学，一年后从哈佛退学；

3、比尔·盖茨1976年与好友保罗·艾伦一起创办了微软公司，比尔·盖茨担任微软公司董事长、CEO和首席软件设计师；

4、比尔·盖茨1995–2007年连续13年成为《福布斯》全球富翁榜首富，连续20年成为《福布斯》美国富翁榜首富，到2016年第23年成为世界首富；

5、比尔·盖茨2000年成立比尔和梅琳达·盖茨基金会，2008年比尔盖茨宣布将580亿美元个人财产捐给慈善基金会，2014年比尔·盖茨辞去董事长一职；

6、比尔·盖茨2019年1月，入选美国杂志评选出"过去十年影响世界最深的十位思想家"；

7、比尔·盖茨2020年2月26日，以7400亿元财富位列《2020胡润全球富豪榜》第3位；

8、比尔·盖茨2020年3月13日，比尔·盖茨退出微软董事会，投身基金会从事世界公益事业；

9、比尔·盖茨2020年4月，面对美国总统特朗普应对疫情不力，并不断甩锅，嫁祸世卫组织（WHO），断绝给世卫组织资金份额，比尔·盖茨则毫不犹豫地给世卫组织追捐1.5亿美元，表达对世卫组织的支持。

比尔·盖茨的人生经历可以看出，他是一个从小就敢于主动破格去追求升格与创格并取得举世瞩目成就的人。比尔·盖茨小时候并不善于与人交流，但13岁开始，他便主动与同学一起学习计算机Basic语言编程，展现其与众不同的聪慧，比尔·盖茨17岁自己的编程作品（时间表格系统）获得了4500美元的销售收益，这算是他第一次创格的成功。比尔·盖茨18

有凡才有凡志
向非凡成就。

比尔·盖茨

岁考上美国最有名的哈佛大学，但并未认真完成学业，依然热衷于计算机编程，为微型计算机开发出了应用程序，在当时获得了售价与版权超过18万美元的收益，这算是他第二次创格的成功。1976年，大学期间比尔·盖茨和艾伦注册了"微软"（Microsoft）商标（即微型软件），创立微软公司，并在1977年大学未毕业辍学，开始专注于企业的发展。这是他第三次敢于破格的大胆创格行为，开启了后来的一步步成功的升格。伴随着电子计算机技术和世界互联网技术的飞跃发展，比尔·盖茨公司开发的软件系统得到了广泛的应用与普及，其个人财富与企业财富集聚升值，在他40岁时便成为了全球首富，之后持续23年占据世界首富位置，达成人生事业格局的巅峰。当比尔·盖茨追求向上、向利达到人生巅峰时，并没有得意于个人贪图荣华富贵的享乐，而是选择向善的更大追求，用自己的财富成立基金会，从事慈善公益事业，帮扶贫穷落后，协同抗击影响人类生存的风险。最典型的就是，当新冠病毒Covid-19疫情2020年在美国失控时，作为政府代言人的总统特朗普等政客将责任"甩锅"世卫组织，断供世卫组织经费，而比尔·盖茨则毅然选择向世卫组织增捐上亿美元予以支持，足以彪炳史册，垂范后世。

　　无独有偶，同样是1955年出生的美国苹果公司联合创始人史蒂夫·乔布斯，因为不断创新，推出了以苹果手机为代表，风靡全球的电子产品，深刻地改变了现代通讯、娱乐、生活方式。获得过最成功的管理者、年度最伟大商人、美国最具影响力20人等荣誉。乔布斯认为创新是无限的，有限的是想象力。他认为，如果一个成长性行业，创新就是要让产品使人更有效率，更容易使用，更容易用来工作。如果是一个萎缩的行业，创新就是要快速的从原有模式退出来，在产品及服务变得过时，不好用之前迅速改变自己。惜乔布斯享年56岁，英年早逝，不然这个世界一定还有他丰富的创新成果改变着我们的生活。创新及创格，乔布斯通过不断的创格赢得了世人的尊敬。

史蒂夫·乔布斯

# 第六节　格局
## 人生（事业）格局之格局

网载格局一词最早可追溯到周文王时代，明确可考出自宋．蔡绦《铁围山丛谈》卷三。仅就字面意思理解，格是对认知范围内事物认知的程度，局是指认知范围内所做事情以及事情的结果，合起来称之为格局。不同的人，对事物的认知范围不一样，所以说不同的人，格局不一样。这里提及的认知程度和做事结果事前都无从明确，只有发生后才能得以评价。也有人认为，格局就是指一个人的眼光、胸襟、胆识等心理要素的内在布局，这仅仅是一种泛泛而谈的概念化认知。

有了五格理念，就可具体地讲，由立格、守格、破格、升格和创格五格构建的人生或事业体系就是格局。人生事业有了这五格之思，格局自然呈现出来；有了五格之思，格局不再模棱两可；有了五格之思，就能够主动审视修为。从而实现人生或事业的更大格局。

我们来看先贤的格局。孔子的格局是，"三军可夺帅，匹夫不可夺志也。"（《论语·子罕》），孟子评价说，"孔子登东山而小鲁，登泰山而小天下"（《孟子·尽心上》）；孟子的格局是，"富贵不能淫，贫贱不能移，威武不能屈。"（《孟子·滕文公下》）；荀子的格局是，"不积跬步，无以至千里；不积小流，无以成江河。"（《荀子·劝学篇》）；韩非子的格局是，"天下之难事，必作于易；天下之大事，必作于细。"（《韩非子·喻志》）；曹操的格局是，"老骥伏枥，志在千里；烈士暮年，壮心不已。"（《步出夏门行·龟虽寿》）；范仲淹的格局是，"先天下之忧而忧，后天下之乐而乐。"（《岳阳楼记》）；王之涣的格局是，"欲穷千里目，更上一层楼。"（《登鹳雀楼》）；林则徐的格局是，"海纳百川，有容乃大；壁立千仞，无欲则刚。"；鲁迅的格局是，"横眉冷对千夫指，俯首甘为孺子牛"等等，这些都是大格局者！

当代著名企业家、阿里巴巴创始人马云认为，"做企业赢在细节，输在格局"，又说，"格是人格，局是胸怀，细节好的人格局一般都差，格局好的人从来不重细节，两个都干好，那叫太有才！"；富士康公司创始人、台湾郭台铭说，"格局，布局，步局。心中有多大，舞台就有多大。"他们的成功，无疑也都证明实现了人生事业的最大格局。

| 立格 | 创格<br>（破格的最高目标） |
|---|---|
| | 升格<br>（破格的基本目标） |
| 守格 | 破格<br>（主动破格为上） |

### 1、上述五格的有机融合形成人生事业格局

从立格到守格，到破格，到升格，再到创格，人生事业格局不断扩大，以至于满足个人的最大愿望，实现事业的最大目标。立格与守格是基础，并贯穿五格的始终，破格、升格和创格后都需要重新立格与守格。从立格到创格的过程，也是自我完善的过程。尤其需要时常自省与反省，什么是不能打破之格，什么是无法打破之格，量力而行，因势而利。当时机成熟，条件具备，又要具有敢于破格，实现升格与创格的更大格局。

人生事业五格相辅相成，他们的独立存在是相对的，他们的有机统一是绝对的。人的一生的各个阶段都存在五格修为，各阶段的五格修为又形成整个人生的五格修为。格不立，无以成人；格不守，人不像人；格不破，改变难成；格乱破，一事无成；格不升，进退不分；格不创，大事无能。

立格与守格常相生，破格、升格与创格相生又相克。五格与五形相生相克，不可同语而论，但可相互参照，规避阻碍格局最大化的冲突与矛盾，方能尽早彰显最大的人生格局。

### 2、格局的大小就是上述五格修为的多少

五格修为的多少事关格局的大小。一个人，或一个单位团体立格不

高，守格必低，常常处于被迫破格的困局中；一个人，或一个单位团体立格高，守格必高，那么就容易主动破格，以至于更快更好的实现升格与创格的最大目标。

立什么样的格，立哪些格，需要有清醒的认识。当一个人的立格发生偏差，孩子需要父母纠正与补充，学生需要老师纠正与补充，下级需要上级纠正与补充，只有这样，个人及其所在的单位团体的格局才能越做越大。

作为常人来说，五格的修为基本是一致的，他们都具有立正常之格，守所立之格的思想。破格不伤及本体，并能及时修复，这便是常人的格局。能人则不然，他们不仅要立常人之格，而善于把握时机破格，寻求升格与创格。他们能在破格后的升格与创格中再立新格，自然他们的修为多，格局就更大了。

### 3、格局有多大，事业就有多大

格局有多大，事业就有多大，反之亦然。就其个人而言，《孟子》的《滕文公章句上》有曰，"劳心者治人，劳力者治于人"，这里的劳心者，格局势必大于劳力者。也只有劳心之人，才懂得如何去做大自己的格局。

当然，在自己格局一定的情形下，人若懂得多劳心一些，那么一方面能够守好现有格局，使格局之内的事情操持得更好。另一方面，无形中会为升格与创格奠定基础。

不能轻视劳力者的格局，劳力者不是格局一定就小，也不代表格局一成不变，只要懂得五格之道，改变自我只是时间迟早问题。

### 4、把握自己的人生格局

个体的人存在多种因素的制约，人生格局自然不能完全一致，五格理念指导实现人生事业格局的最大化，充分把握自己的人生格局。立好格，守住格，时机和条件成熟时及时主动破格，完成升格与创格，实现人生事业格局的最大化。

我们很多人，都是随着自己年龄越来越大后才醒悟之前年青认识的不足，有遗憾，也有后悔。如果更早一些树立起五格理念，那这样的遗憾与后悔自然就少，格局自然更大了。

因此，把握好自己的人生格局，用五格理念指导自我，也许你比孔子在《论语》《为政篇》所说的"吾十五而志于学；三十而立；四十而不惑；五十而知天命；六十而耳顺；七十而随心所欲，不逾矩。"明白得更早，个人的格局自然也就更大了。

实现人生格局最大化的普通人或佼佼者，从古至今举不胜举，下面以马云的人生事业格局为例简谈其各个阶段与五格的关系。首先梳理一下马云的人生节点：

**阿里巴巴创始人总裁马云**

1、马云1964年生，13岁起因其打架多而转学，参加两次中考才考上一所普通高中；英语好，数学差，其中一次数学仅考31分；

2、马云高考升本不易，马云1982年、1983年、1984年连续三年参加高考都没有如愿，1984年离本科还差5分，因英语好，碰巧报考杭州师范学院名额空缺而补录上本科，表现优异，成为学生会主席，杭州学联主席；

3、马云1988年毕业分配到杭州电子工业学院当教师，做翻译；

4、马云1992年创办翻译社并代售礼品、医药；

5、马云1994年开始思考创业，筹借一万多元起步，1995年辞职创办中国第一家互联网公司，自己、夫人加一名员工共三人；之后创办中国黄页网络服务，1997年与杭州电信中国黄页合并；

6、马云1997年进京成立中国国际电子商务中心，之后放弃黄页网；

7、马云1999年创立阿里巴巴网站，获得Invest AB副总裁蔡崇信加入；2003年创立淘宝网；2004年创立第三方支付平台支付宝；

8、马云2005年获雅虎巨资支持，2007年阿里巴巴公司香港挂牌；2014年阿里巴巴在美国纽约证券交易所挂牌；

9、马云2019年退出阿里巴巴最高领导位置，成立马云公益基金会，从事自己热爱的公益事业；

上面梳理马云成长过程可以看出，马云13岁以前立格与守格意识尚未确立，常有打架的出格（失格）行为，影响了其学习进步，所以两次中考才考上一般高中。但马云后来有主动破格追求升格向上的积极意识，不达目的不罢休，为升本，连续参加三次高考，虽然都未能考上本科分数线，幸因其英语特好（有特长），加上巧遇的机会，得到了本科破格录取，这是他坚持不放弃追求进步换来的被动破格向上。上大学后，马云继续保持强烈的追求进步向上的思想，成为了学生会与学联领导。大学毕业走向社会后有着更加超凡的创格愿望，因而总是在主动的破格中不断升格。从创业起步创立翻译社，到创办中国第一家互联网公司，一步一个台阶，到创办阿里巴巴网站挂牌上市，使互联网应用成为引领世界的潮流，个人和企业的人生事业格局都取得了最大化，成为大家人生事业追求的楷模。

面对Covid-19新冠病毒疫情突然从武汉爆发，引发国难时艰之际，马云花费个人上10亿元人民币资金，利用他的基金会第一时间投入到抗击疫情第一线，捐资捐物，尽最大努力为抗疫一线全球采购紧缺医疗物资，为助力减少疫情带来的生命财产损失做出了巨大贡献，再次为人生事业的追求做出了表率，赢得了广泛的赞誉。当疫情在世界大爆发后，马云向世卫组织及世界150多个国家捐赠超过上亿件物资，这进一步彰显其大爱之心，理应得到更大的尊重与赞许。这样的博爱精神，奠定其人生事业更大格局。当然，马云现在还算年轻，未来人生事业如何发展，唯有拭目以待。

# 第四章 ◎ 五格与教育

教育体系的发展演变同样是一个从立格、守格、破格、升格到创格的过程，这个过程也是适应不同时代需要的过程。

中国的教育体系总体来说是随着时代发展演变的，从春秋时期孔子兴办私学，到汉代的太学，隋唐至明清的科举制度，一方面适应了封建体制的需要，另一方也使中华文化得到传承与发展。总体来说，教育制度、学科体系单一。

新中国成立后，打破封建教育思想，对传统文化去伪存真，对外来文化洋为中用，建立起了全新的现代应试教育体系。重视教育制度、学科体系全方位、整体性的普及与发展，目前已经形成了学校教育和社会继续教育两大体系。今天，从学前启蒙教育到适龄知识教育，应该说形成了较为完善的体系，但发展过程中的矛盾与不适应也始终存在。所以教育始终需要改革，也总是处在改革之中。

最近若干年来，教育问题连年成为中央"两会"的热点话题，概因教育的改革与发展远远跟不上中国整体发展的步伐，对教育的差异化缺乏正确的引导。今天，教育问题，依然是影响老百姓最大的问题之一，学前教育、学龄教育都矛盾突出。主要体现在一方面学前幼教和中小学普遍存在"上学难"，另一方面高等教育越来越脱离社会需求。前者主要是社会发展的不平衡造成，后者更多的体现出教育体制问题。

解决教育的差异化的问题才能从根本上解决教育问题。教育的差异化包括教育资源的差异化和人的个体差异化。

教育资源的差异化需要解决社会的供给与配置。这也是国家层面教育改革的重点与难点。这方面的改革，国家一直在进行，也永远在路上。因为，始终有新的问题与矛盾产生，因而只能优先解决突出的问题，而那些次要问题则需要在实践中消化。

人的个体差异化问题则是素质教育应该解决的问题。这方面长期重视不足，尤其是近年来，重知识轻素质已经成为特别突出的问题。家长"望子成龙"，学校"追求上线率"，双双都以分数至上，一度成为家长与学校共同的死结。虽然，学校的"思想品德"课对素质教育起到一定的作用，但往往随着学习压力的增加，而不得不为考试让路，素质教育随之成为摆设。重知识轻素质的结果，只能是产生个别极优人才，却难以培养出能够推动社会发展需要的各级优秀人才群体。

　　教育的目标不仅应该让不同个体差异的人都能最大可能地实现自我最大目标，找准自己最佳的位置，做最好的自己，而且还应使之成为长期的自觉行为。树立从立格、守格、破格、升格到创格的五格理念就是实现这一目标的重要手段。如果这一目标在学校教育阶段没有实现，那么就应该在社会继续教育中来实现。

# 第一节　五格是教育之本

为什么说五格是教育之本呢？教育的目的从小的角度看，个人受到良好的教育，能够正确认识自我，认识社会，健康成长，并做最好的自己；从大的方面讲是为了增进人类的文明与进步，培养满足社会各环节、各阶段不同需要的合格人才。

人有了五格理念就不会停滞不前，就能够激发出向善、向上、向利的最大欲望。不同的人存在不同的个体差异，这种差异具体表现在身体、智商、情商等方面的不同。通过五格理念的引导，使不同人充分发挥其主观能动性，再差的人都能够做最好的自己。

有了五格理念，人就能正确认识自己的差异与不足，利用自己的长处，发挥自己的优势，达到最好的结果。

有了五格理念，就能正确面对自己的失意与失败，就不至于消沉、萎靡，永远保持积极健康的心态。

有了五格理念，人首先能做好自己的本职工作，然后通过争取进步来改变自我，永远保持上进之心。

有了五格理念，人生的格局实现最大化，人所在的岗位会尽善尽美，所从事的事业格局也会随之最大化。

因此，人有了五格理念，整个社会都会形成向善、向上、向利的风气，不仅求知、上进会成为主动与自觉，各学科类的专业人才、顶尖人才会大面积产生，成为普遍现象，使教育目标能顺理成章的实现，还能自然地形成持久推动社会发展的动力。

## 1、应试教育也是一种格的范畴

五格理念的基础首先是立格，一个人在进入社会独立生存前，主要是通过教育立格。教育立格少不了三个环节，第一个环节是家庭教育的立格，第二个环节是学校教育的立格，第三个环节是社会继续教育的立格。

而学校教育，当前基本是应试教育模式，即根据事先固化的教学大纲规定所学科目的考试成绩来分类、分级选拔培养或筛选人才的教育模式。这种教育制度在中世纪和近代的东亚和欧洲都曾是唯一通行的教育制度，因为可以透过老师或师傅带领和严格培训的方式，大量培育各类人才。中国的高考制度恢复后，高考成为选拔、输送人才的主要方式，受这种思想的影响，形成了应试教育的风气。

今天，从学龄教育小学开始，到初中、高中、中专、大专、本科（学士）、硕士、博士，各阶段都制定了明确的教学内容，都是以知识量的逐级增加为考核目标，这也是当下学校教育立格的核心内容和考核依据。因为没有树立五格理念，几乎都是为考试而考试了。

只要是应试教育，不管是哪种具体方式，其设立的考试科目就是立格的具体内容，这是站在从国家层面的立格。而校园外的师傅带徒弟模式，大多也采用需要考试来决定是否合格或考察优劣，师傅所传授的内容，则是小的层面的立格内容。不管哪种层面，考试所需内容，都是立格的内容。因而，教育应怎样立格，立什么样的格就显得十分重要了。

应试教育把应试作为主要的教育目标，造成老师为考试而教，学生为考试而学，而考试又是围绕知识进行的，因而它已经成为一种片面的教育模式。这种教育模式的弊端是立格缺失，已对基础教育产生了巨大的负面的影响。由于应试教育更注重智力的考察，往往忽略加强对德育、体育、美育的全面发展，即忽略了"素质教育"，成为不完整的教育模式，不仅导致学习片面发展，还使人的思想存在片面性，这样培养的人才思维存在较大的局限性，自然是"不健康"的。

欧美国家早已看到单纯应试教育的弊端，随着经济社会的不断发展，科技已成为引领时代的主角，开创性通才需求大增，他们已逐渐改行"素质教育"。

因此，应试教育的立格，必须加大素质教育的力度，只有知识教育与素质教育有机结合，相互促进，才可能培养出高素质且全能的人才。

## 2、教育应转向培养五格人才

从立格、守格、破格、升格到创格的五格理念，把智力教育与素质教育融为一体，开启全新的人才培养模式。五格理念不仅可以从学龄教育的各阶段加以引导，也可以在家庭教育和社会继续教育过程中加以引导，激发每一个人向善、向上、向利的最大潜能，充分发挥主观能动性，自觉成为对社会有用的人才。

教育不仅应使不同阶段的人懂得怎样立格，立什么样的格，立哪些格，还应使人懂得立格之后必须守格。立格是做人做事的根本，守格是做人做事的原则。立格、守格是培养向善之心。

教育应使人懂得仅仅守格还是不够的，在懂得如何守格的前提下，还必须具有破格的思想，破格的目的是为了升格与创格。尤其是，当所守之格被打破时，不是无所适从，自暴自弃，而是主动构建新的立格与守格。破格是培养向上之志。

教育应使人懂得，人只有升格才能成为优秀的人，业只有升格才能做大做强。升格的目的是向上，升格不能随心所欲，升格永远是留给那些有准备的人。升格是向上、向利的最好证明。

教育应使人懂得创格是人生和事业的最高境界。创格存在于每一个阶段，每一个环节，有创格之思想，自然有创新、创造、创业之激情。只有创格才能改变现状，追求向上，实现梦想；只有创格才能发挥极致，引领时代。

教育应使人懂得，立格、守格、破格、升格、创格共同构建起了人生与事业的格局。五格相互依存，循环发展，不仅推动个人、事业向善、向上、向利前行，自然也推动了社会的进步与发展。

## 3、教育方式五格

教育方法围绕五格展开，培养树立五格理念，这本身也是教育立格的内容。教育方法五格针对不同的教育环节来制定，家庭教育（含学前教育）重立格与守格，学校教育中学阶段重立格、守格、破格与升格，大学之后的教育重破格、升格与创格，社会继续教育则根据不同的需要选择侧重点。

　　家庭教育（含学前教育）应以素质教育为中心，着重培养人的德育、美育，养成良好的习惯，立品格，塑性格，强体格，建人格。懂得立格的同时还需要守格，明白失格的缺陷，懂得破格的道理。正确为孩子立格，则家长必须首先立格，并懂得五格相辅相成的道理。家长没有良好的五格理念，自然不知如何引导孩子立格，更不用说养成守格、破格、升格和创格的人生更大格局了。家庭教育没有承担知识教育的必要。

　　学校教育应以智力教育与素质教育相结合，各个阶段都不能放弃素质教育的要求。严格地讲，整个学校教育过程都是立格的过程，尤其是在中小学阶段，素质教育应与知识教育并重，让孩子深刻懂得立格、守格、破格、升格的道理，并成为自觉。到了大学阶段，则应围绕破格、升格与创格加以引导与激发。学校教育不应该把知识教育交给家庭。

　　社会继续教育则是针对不同需要的教育形式，既可以是对家庭教育和学校教育缺失的修复，也是持续的引导与督促，确保五格理念根植终身。社会继续教育是继续充实知识和增强素质的必要补充，除了个人的五格修为需要持续引导外，更需要侧重激发个人对事业（企业）的五格修为。

### 各阶段立格内容考察

| 阶段性 | 家庭教育内容 | 学校教育内容 | 社会公知内容 |
| --- | --- | --- | --- |
| 家庭教育阶段 | | | |
| 学校教育阶段 | | | |
| 事业与继续教育阶段 | | | |

### 各阶段守格内容考察

| 阶段性 | 失格内容 | 出格内容 | 影响程度 |
| --- | --- | --- | --- |
| 家庭教育阶段 | | | |
| 学校教育阶段 | | | |
| 事业与继续教育阶段 | | | |

### 各阶段破格内容考察

| 阶段性 | 被动破格 | 主动破格 | 影响程度 |
| --- | --- | --- | --- |
| 家庭教育阶段 | | | |
| 学校教育阶段 | | | |
| 事业与继续教育阶段 | | | |

各阶段升格内容考察

| 阶段性 | 成绩与名次 | 职位 | 业绩与规模 |
|---|---|---|---|
| 家庭教育阶段 | | | |
| 学校教育阶段 | | | |
| 事业与继续教育阶段 | | | |

各阶段创格内容考察

| 阶段性 | 创新 | 创造 | 业绩与规模 |
|---|---|---|---|
| 家庭教育阶段 | | | |
| 学校教育阶段 | | | |
| 事业与继续教育阶段 | | | |

五格修为汇总考察

| 五格 | 变化内容 | 变化情况 | 变化次数 | 影响程度 |
|---|---|---|---|---|
| 立格 | | | | |
| 守格 | | | | |
| 破格 | | | | |
| 升格 | | | | |
| 创格 | | | | |

## 4、学习方式五格

坚定信念立格

坚持不懈守格

正确看待破格

抓住时机升格

绝不放弃创格

有了教育方式五格，学习方式五格自然能良好地建立起来。学习方式五格，就是针对教育方式五格同步养成。教育各环节、各阶段明确了立格的内容，包括怎样立格，立什么样的格，那么学习各环节、各阶段就需要针对立格做好守格，这是学习方式五格的前提和基础。

学习中有了立格的具体内容并持续坚守，不管是从家庭中学习，还是学校学习，以及社会继续教育学习，都不例外。

　　学习使自己立格，并做到如何守格，但也免不了可能存在的出格与失格，这就需要在学习过程中时刻警醒，尽力做到不失格，不出格。

　　学习中要懂得破格的道理，明白什么是不可打破之格。破格的根本目的是升格与创格，正确对待被动破格，努力追求主动破格。只有在理清不可打破之格的前提下，才能寻求可破之格，才有升格与创格的空间。

　　然而，个体的人受不同环境、不同背景、个人状态、智力差异等因素的影响，对五格的认知、接受和践行势必存在不同的差异。五格理念的学习虽不能把每个人能力拉到一致，但至少能激发每一个人都朝着向善、向上、向利的目标而去。

**五格学习自查**

| 五格 | 变化内容 | 变化情况 | 变化次数 | 影响程度 |
|------|----------|----------|----------|----------|
| 立格 |          |          |          |          |
| 守格 |          |          |          |          |
| 破格 |          |          |          |          |
| 升格 |          |          |          |          |
| 创格 |          |          |          |          |

# 第二节　教育行五格之实

现实教育中，不管是家庭教育、学校教育，还是社会继续教育，已经存在潜移默化的五格思想，但没有具体的五格理念。

在家里，父母教育孩子听话，懂得文明礼貌，生活有规律，养成良好的生活习惯和社会公德等，这就是家庭教育的立格与守格；在学校，各阶段要求所学习的教学内容，培养良好学习习惯，德、智、体、美、劳全面发展的培养，就是学校教育的立格与守格；社会继续教育中，继续学习的各类知识，遵纪守法等都是立格与守格的内容。

孩子不听话，或者犯错误，就是失格、出格，甚至破格的表现，孩子的进步则是升格的体现。当出现违法乱纪等行为，则是破了不该打破之格；当出现创新与发明创造，则是典型的创格表现。

因此五格与教育、五格与生产生活是密不可分的，及时、正确引导并树立五格思想，必然会加快个人进步，加速事业发展。

把五格理念纳入教育实践中，从小培养人的五格能力，个人养成向善、向上和向利的习惯，从各个层面、各个阶段培养人的人生观和价值观，必然带动事业及整个社会形成向善、向上、向利的风气，推动社会的发展进步。

## 1、五格能为成功的教育提供验证

一个成功的教育模式一定符合或基本符合五格的思想。从家庭教育看，孩子在家庭中，如果受到父母或长辈的良好教育、正确引导，则孩子相应地会在学校表现出良好的状态，更容易自觉融入学校的教育培养中，在智商相当的情况下，学习成绩相应地会表现得更优异。相反，如果孩子家庭教育缺失，从小就形成体格、性格、人格等多方面的缺陷，大多数难以融入学校的学习氛围中。尤其对于那些一方面家庭教育缺失，另一方面又沾染上社会陋习的孩子，自然难以有向善、向上和向利的动力，也很难培养起正确人生观和价值观了。所以，不同家庭环境就逐步形成了人的个体差异。

从学校教育看，则增加了教育资源不平衡带来的个体差异。如果孩子家庭教育缺失，到学校又得不到良好的五格理念引导与弥补，势必导致差者更差了。在应试教育体制下，师资力量往往起到决定性的作用，所以家长和学生都希望考进更好的学校。这个好的学校，应该是符合或基本符合五格理念的学校。一个好的学校，往往有一批优秀的老师，所以自然地能带出更多优秀的学生；这个好的学校，一定有一套符合或基本符合从立格、守格、破格、升格到创格的管理模式。同样地，一个优秀的老师，也一定有一套符合或基本符合从立格、守格、破格、升格到创格的引导孩子学习的方法。

### 优秀学校五格测评表

| 五格 | 标准人数 | 变化人数 | 变化次数 | 行业排名 |
|------|---------|---------|---------|---------|
| 立格 | | | | |
| 守格 | | | | |
| 破格 | | | | |
| 升格 | | | | |
| 创格 | | | | |

### 优秀年级五格测评情况

| 五格 | 标准人数 | 变化人数 | 变化次数 | 区域排名 |
|------|---------|---------|---------|---------|
| 立格 | | | | |
| 守格 | | | | |
| 破格 | | | | |
| 升格 | | | | |
| 创格 | | | | |

优秀班级五格测评情况

| 五格 | 标准人数 | 变化人数 | 变化次数 | 年级排名 |
|------|----------|----------|----------|----------|
| 立格 | | | | |
| 守格 | | | | |
| 破格 | | | | |
| 升格 | | | | |
| 创格 | | | | |

优秀教师（个人）五格测评情况

| 五格 | 变化内容 | 变化情况 | 变化次数 | 影响程度 |
|------|----------|----------|----------|----------|
| 立格 | | | | |
| 守格 | | | | |
| 破格 | | | | |
| 升格 | | | | |
| 创格 | | | | |

优秀学生（个人）五格测评情况

| 五格 | 变化内容 | 变化情况 | 变化次数 | 影响程度 |
|------|----------|----------|----------|----------|
| 立格 | | | | |
| 守格 | | | | |
| 破格 | | | | |
| 升格 | | | | |
| 创格 | | | | |

　　同一所学校，也可以通过上述方式进行自我测评，通过五格验证，构建新的五格思想，使差变优，优而更优。在其他外部条件不能改变的情况下，五格测评能使自身做到更好。

## 2、教学五格对应社会五格

　　教与学是人树立人生观和价值观的最直接、最根本途径，有了五格教学理念，就能树立正确的人生观和价值观。而教学阶段立格的内容都是为了满足社会生活的需要，因而进入社会后依然需要继续坚守，成为人的一生中守格的基础。教学阶段也培养树立了破格、升格和守格的思想，社会生活中依然需要具有这样的思想。

当一个人从学校进入社会，是进入到一个崭新的阶段，除了要坚守学校所立之格，又有新的环境下需要的立格与守格，进而结合新的环境把握好新的破格、升格与创格。此时，面对不同的单位、不同的职业，需要增加新的立格与守格内容，当破格条件出现时，正确面对或抓住机遇破格，并把升格与创格作为追求的新的目标。

新的环境要找准新的可为与不可为。并使之成为立格与守格新的内容。这些新的立格内容包括，适应并满足单位的需要，岗位规章制度，职业专业水平等。

教学阶段除了树立正确的人生观和价值观外，还需要追求成绩、升学率等的提升。进入社会各阶段，除了继续夯实正确的人生观和价值观，也需要追求职位的提升、业绩的提高、技术的先进、规模的扩大等。

因此，教学五格与社会五格是密不可分的，其根本目的都是满足向善、向上、向利的追求。

教学的立格对应社会的立格，教学的立格主要是立社会公德、行为规范和知识技术等，社会生活中立格还需要增加适应新的变化的新的内容。

教学的守格对应社会的守格，社会生活中除了坚守教学所立之格，还应坚守新的环境下所立之格。

教学的破格对应社会的破格，同样需要积极面对被破之格，追求向上的主动破格。

教学的升格对应社会的升格，教学升格是，学生追求成绩的提高，学校与老师则是追求升学率的提升等；社会升格对于个人则是职位的提升，对于团队则是升级、扩张等。

教学的创格对应社会的创格，教学更侧重训练人具有开创性的思维，社会则具体到追求革新创新、创造发明、替换换代等。

### 3、用五格矫正学习的差异化

每一个人从出生开始就存在着不同的个体差异，出生后又受到家庭环境、学习环境和社会环境不同的影响而出现新的变化差异。这些差异主要体现在身体、行为习惯、智商、情商等方面，进而有体格的差异、学习成绩的差异、职业生涯的差异等。正因为存在这些客观的差异，我们就不可能让每一个人的学习完全一致。但是，用五格理念加以引导，对于某一不同个体来说，则完全可能使同一个人的自身学习做得更好，缩小先天不足与后天学习的差异；对于一个群体来说，则可以提高整体水平。

矫正学习差异的具体方法，首先用五格对照表来检查自己。看自己所在的阶段应立之格是否确立？确立之格是否坚守？有多少失格项、多少出格项？有无被打破之格？有无主动破格？有无升格及其升格的表现？有无创格及其创格的表现？

**五格学习汇总自查**

| 五格 | 变化内容 | 变化情况 | 变化次数 | 影响程度 |
|---|---|---|---|---|
| 立格 | | | | |
| 守格 | | | | |
| 破格 | | | | |
| 升格 | | | | |
| 创格 | | | | |

其中，破格是引起差异变化的直接体现。以破格为中点，前可以审视立格与守格情况，后可以检查升格和创格情况。而破格的程度直接关系到影响差异的大小与多少，这些影响程度又可以用缺格、失格、出格、被动破格和主动破格五格来区分，不同的破格情况需要不同的方法来对待。

**涉及破格具体项目自查**

| 五格 | 变化内容 | 变化情况 | 变化次数 | 影响程度 |
|---|---|---|---|---|
| 缺格 | | | | |
| 失格 | | | | |
| 出格 | | | | |
| 被动破格 | | | | |
| 主动破格 | | | | |

破格中的五格，缺格需要弥补，失格需要修正，出格需要纠正，被动破格需要重新立格，主动破格为的是升格与创格。

五格自查最好及时审视，至少需要阶段性的自查，缩小个人与整体的差异，自然能促进个人做最好的自己，团队做最好的集体。

## 4、推动培养创格人才

确立五格理念，懂得创格是人生格局的最高境界，是教育本应具有的社会担当。创格改变现状，创格促进升格，创格实现自我价值和社会价值的最大化。没有创格，个人就会按部就班，停滞不前；没有创格，企业缺乏活力与发展；没有创格，社会就不会改善与发展。没有创格，一旦矛盾激化，就成为引发被动破格的源泉。小的方面说，没有创格，个人因此而被淘汰，企业因此而破产倒闭；大的方面说，没有创格，一个国家就会越来越弱小，就可能招致外敌的入侵与掠夺。

历史和现实充分证明，创格是个人成长发展、企业发展壮大、国家壮大强盛的源动力。从个人层面看，一切取得成功和成就的人都离不开个人智慧的创造性；科学家、企业家、政治家都莫过于此。从企业层面看，一切做大做强的企业都离不开创造与创新；当今国外的苹果公司、微软公司等，国内马云的阿里巴巴、任正非的华为等，莫过如此。从国家层面看，过去我们创造了四大发明，笑傲人类社会；后来我们创造"两弹一星"及其军事装备，确保国家安宁。西方列强国家的持续强盛也莫过于此。近年来，中央领导集体高瞻远瞩，适时提出了"大众创业，万众创新"的重要思想，并制定了一系列措施来推动，这也是国家层面推动创格的体现。因此，我们的教育没有理由不推动培养创格人才。

那么，如何推动培养创格人才呢？首先是五格理念的确立，在此基础上，教育的每一个环节都要引导、激发创格思想。

# 第三节　教育的格局

新中国成立以来，我国的教育格局已形成独立的体系，但近年来总成为众矢之的。姑且不论教学内容与教学手段需要不断完善，仅仅围绕"升学率"这个牵一发而动全身的教育模式所衍生的种种弊端和矛盾，始终困扰着教育整体格局的良性发展。如果教育体系形成良好的五格理念培养选拔人才，重"五格率"，轻"升学率"，必然推动教育格局的最大化。

五格率，即五格理念在学生、班级、学校中践行考核的比率。把五格理念纳入各阶段的教育体系，包括家庭教育、个人教育、学校不同阶段的教育和社会教育，自查与检查"五格率"，使之成为长期的自觉行为，必然促成新的更大的教育格局。

家庭、个人、学校、社会对教育是有不同层面的需要的，各环节、各层面的教育格局自然有不同的侧重点。学校教育和社会教育属于国家层面，理应由国家顶层设计。明确不同环节和层面的侧重点，通过五格方法加以梳理、指导，努力做到各环节、各层面教育格局的最大化。

家庭教育是一切教育环节的开端，人生下来首先接受的是家庭教育，首先受到父母、爷爷奶奶、兄弟姊妹教育的影响，把五格理念纳入教育的启蒙，使家庭教育格局最大化，自然成为良好的家庭教育格局。

家庭教育有两个层面，一是家长对孩子的教育，二是家长（父母或爷爷奶奶）需要接受继续教育。

孩子上学后，增加了学校教育，但家庭教育依然存在。当学校教育有了五格理念，学校教育格局最大化，自然形成良好的学校教育格局。学校教育过程中，家庭教育、社会教育同时存在。

孩子离开学校进入社会生活后，不再有学校教育，但家庭教育在一定程度上仍然存在。

社会教育有两个层面，一是社会继续教育，有五格理念继续教育，自然形成良好的社会教育格局；二是，社会环节，即作为个体的人的一生中能接触的周围环境的影响，包括人与人之间的影响、人与各种媒介的影响等。这些影响有直接影响和间接影响，但不论直接影响还是间接影响，终归为自己眼见到或耳听到的影响，这种影响随时随地存在，对个人造成的偏差或负面效应，需要通过家庭教育、学校教育和继续教育来得以修正。这样，各环节、各层面的教育格局都处于最大化，国家的教育格局自然最大化。

因此，国家的教育改革应向着教育格局的最大化发展，这就需要用五格理念优化各阶段、各层面的教育，从教育的本质和长远目标着想，而不是向着单纯的追求实用性、功利性或差异化方向调整。

## 1、五格理念优化教育

中国教育体制历经几千年的演化，每一个时代都有每一个时代的教育需要，但是培养为社会所用、推动社会健康发展的教育目标理当成为正确的教育方向，五格理论就是满足这一根本方向的客观存在。将五格理念纳入日常教育，使之成为转变教育模式、优化教育格局的重要手段。具体地讲，应深入到家庭教育、学校教育、社会继续教育和社会团队内部教育的各个阶段和层面。每一个环节及其不同阶段、不同层面在各个时代的状态，这里不做探讨，仅从现状角度简要梳理，以便明确用五格理念优化的必要性。

优化家庭教育。现阶段的家庭教育总体来讲是十分缺失的，这也和现阶段社会发展的主客观现状分不开。一方面，学校教育几乎都是围绕"升学率"展开，家庭教育彻头彻尾地沦为迎合学校教育。家庭跟着学校转，家长跟着老师转。逼着有条件、没条件的家庭从幼儿园开始就得一级级寻求好的学校，似乎只有这样，家长才能安心，孩子就能成才。另一方面，孩子的父母往往忙于家庭生计，孩子几乎都是爷爷奶奶或特请的保姆看管或接送，大多孩子只能在晚间与父母相见睡觉前仅有的一点时间；不少父母若在外地打工，那就只能由爷爷奶奶看管了。这里说的是看管，而不是教育，因为大多爷爷奶奶都没有意识到什么是家庭教育。其实，孩子的成长差异，除了本身的遗传基因外，大多就是这样从小开始逐步变化的，导致差者更差，优者变差的恶性循环。如果爷爷奶奶们懂得五格教育理念，孩子从小养成健康而积极向善、向上的心理，尽管孩子依然会出现差异，势必引导孩子差者变优，优者更优。孩子能在这种格局中成长，家长也就没有必要担忧了。

优化学校教育。学校教育现在的普遍问题是，在教育资源不平衡的现实情况下，升学率至上，学校不得不分层选优。一是，设置各类优等班，甚至拔苗助长，并将优秀教师资源集中到优等班上，集中火力打造优等班的升学率，普通班则顺其自然；二则，条件好的学校通过各种招聘或曰挖墙脚等方式，引入优秀教师，让优秀教师向个别学校集中，提高整个学校的升学率，进一步加大教育资源的不平衡。这种状态下，学校、教师、家长一门心思地向学生要学习成绩，哪还有心思有计划、有步骤地培养学生健康的心理、良好的行为和满足社会需要的综合能力？更别说激发、挖掘每个学生的最大潜能了。甚至不少学校还时不时出现学生暴力、抑郁自杀等不良现象。并由此而带来的一系列社会矛盾，这些矛盾主要包括，择校的矛盾，择校助推学区房价的矛盾，重成绩轻素质的矛盾等等。用五格理念优化学校教育，彻底改变唯升学率至上，五格理念贯穿于各级、各类学校的教学实践中，使之成为引导学生成长的自觉意识，这样一代代教育引导下成长，自然培养出人尽其能，能尽其用，适应并满足社会需要的人才。

优化社会继续教育。当前的社会继续教育问题在于只重专业知识的针对性学习了，目的性极强，几乎完全忽略了素质教育。其实，社会继续教育是学校教育的有益补充，是学校教育的延续，分两个层面，一是继续完成提升文凭的教育，二是进行职业技术职称评定的教育。这二则依然要运用五格理念来要求，继续引导使差者变优，优者更优。

优化社会团队内部教育。社会团体包括，政府机构、企事业单位，以及规范化的社团等。有团体存在的地方，就应该有团队意识，团队意识离不开五格理念的融入与提升。现实情况是，政府职能机构往往围绕政治需要进行宣讲学习；企事业单位也主要围绕各自的具体业务培训学习，忽略或轻视素质教育。即便有一定的素质教育，也多是讲政治、讲法律、讲规范，完全是围绕立格与守格进行，少数可能涉及到破格、升格与创格，都不是按照五格理念的意识在进行。只有在内部教育中，系统地引入五格理念，对照五格理念检查、考核，才能充分体现出向善、向上，实现向利的最大化。

## 2、教育之格局乃中华之前途

教育之格局，从小的层面讲，决定个人人生的前途与命运，也决定一个团队的前途与命运；从大的层面讲，则是决定国家的前途与命运了。因此、历朝历代都有教育，也都有其相应的教育格局。重视教育的时代，教育格局就大，国家的前途命运就掌握在自己的手里，国家的发展、进步也就越快。

教育格局的大小，离不开教育目的与目标的设定。教育的目的是为个人服务，还是为统治阶级服务，还是为推动社会发展进步服务？教育的目标只有为推动社会发展、进步服务，其格局才大，其民族才会有前途。

中华民族五千来来，从三皇五帝，历经朝代更替，历经外族的入侵，历经民族的沉沦与复兴，每一个阶段，每一个过程，教育之格局都起着举足轻重的作用。对于民族的前途，教育如果不是正向推力，就必然会反向作用。教育没有格局，教育体系必然混乱；教育格局不大，国家民族的前途必然受限。

三皇始祖开启中华文明，燧人氏钻木取火，成为华夏人工取火的发明者，教人熟食，结束了远古人类茹毛饮血的历史，开创了华夏文明，被后世奉为"火祖"。伏羲氏与女娲相婚，生儿育女。他根据天地万物的变化，发明创造了占卜八卦，创造文字结束了"结绳记事"的历史。他又结绳为网，用来捕鸟打猎，并教会了人们渔猎的方法，发明了瑟，创作了曲子。神龙氏炎帝，他亲尝百草，发展用草药治病；他发明刀耕火种创造了两种翻土农具，教民垦荒种植粮食作物；他还领导部落人民制造出了饮食用的陶器和炊具。至五帝黄帝、颛顼、帝喾、尧、舜，对中华早期文明的创建，再到大禹教人治水为众所周知。应该说，三皇五帝时期都是针对人的基本生存能力的教育，对人的思想教育处于萌芽状态。这一时期，国家的建立形成前，主要是氏族部落为单位，弱肉强食特征明显，他们的前途命运，依然是最为优秀的氏族部落最后建立起最大的势力范围；国家建立后，则以国家为单位进行扩张，建立更大的势力范围。

夏朝开启了相对稳定的中华民族国家体系，直至周朝末期春秋战国前夕，这一时期，文字开始成为交流的工具，生产工具也从石器发展到了青铜器和铁器，思想文化教育逐渐产生，并不断满足其统治、扩张的需要。尤其是到了周朝，统治者治国理政的典籍更加完善，思想教育必然更加发达。从夏商周的文化积淀，到春秋战国时期的文化思想大爆发，出现以孔子、老子、孟子、荀子、墨子、孙子等为代表的诸子百家思想，从不同的视野、不同的层面、不同的角度来满足不同的需要。尤其形成了以孔孟思想为核心的儒家文化思想，对后世影响至深，至今依然成为中华民族齐家、治国、平天下的需要。

秦始皇完成国家的统一，开启封建帝制时代，中华民族走上统一、专业化的和系统性的教育发展历程，也因此而形成长达两千余年的教育专治思想。尽管后世不断地有朝代更替的演化，每个时代都有每个时代的教育主题。中华民族的命运则总是伴随着封建帝王的格局而不断演变，帝王个人的格局大，则民族复兴或兴旺；帝王个人的格局小，则民族衰退或遭遇苦难。朝代更替的战乱、外敌入侵的战乱，血雨腥风，都让民族处于或停滞不前、或开历史倒车、或民族危亡。虽中华民族经历着长期的内耗与外耗并存，但中华民族家国的情怀、顽强的意志、奋发图强的精神却没有消亡，反而百炼成钢。总有格局大的仁人志士在历史的紧要关头成为民族的脊梁，并使中华文明在传承创新中傲立于世界文明之林。

纵观历史，个人格局的大小攸关个人、家庭、国家民族的命运，个人格局伟大者方能成为民族的脊梁，担负起国家民族的命运。一个国家和民族多一些格局大的个人，必然就多一份担负国家民族命运的力量。而每个个体的人的格局的形成，除了自身天赋局限外，则是教育的影响起着主导作用。这种教育过程必然离不开家庭的言传身教，周围环境潜移默化的影响，政府规范的教学体系（含学校教育和社会继续教育）和社会组织（企事业单位及社团）内部需要的教育，每一个环节都能催生个人格局的变化。

因此，我们今天提出实现两个一百年的奋斗目标，实现中华民族的伟大复兴，就是攸关中华民族前途的中国梦。在这个伟大的格局中，唯有通过教育才能引领。而五格教育催生人生格局最大化，则是提升教育能力的源动力。实现教育格局的最大化，中华之前途必然更加广大。

第五章 ◎ 五格与成长

人一出生就与格相伴，这些格就是不同年龄阶段家庭、学校、社会对人的规范要求，每一个人的整个成长过程都离不开各种各样的格的约束，只要用五格理念加以引领，人就会处于向善、向上的健康成长过程。

如果我们定义人的基本成长阶段以完成正常学业步入社会工作为界，可把人的成长分为若干个小的阶段，第一阶段为学龄前儿童，第二阶段为小学至高中，第三阶段为大学至读研或读博。这一过程，主要通过家庭教育和学校教育在孩子的意识形态和行为能力中建立生活规范、行为规范、道德规范、法制规范和掌握专业知识，树立正确的人生观、价值观、世界观。这个过程整体看，都是学习吸取知识的阶段，也是人生中的主要立格阶段。这一过程是人生格局的起点，也是人生格局大小的关键。如果起点就不懂得培养建立人生的格局，自然谈不上健康的成长。起点格局狭小，终生难成大器；起点格局越大，未来的格局自然更大。

这并不等于说，进入社会工作阶段后就与成长无关了，广义的成长过程涵盖人生需求的各个阶段。只要你还有更高的人生目标去追求，你都需要不断地成长，直至完成个人的终极目标。由于每个人的终极目标并不相同，有的目标小，有的目标大；有的短浅、有的长远；有的容易满足，有的从不满足，这些都是不同人的个体差异所致。

人的不同个体差异是客观存在的，甚至还很大，这些都是在后期成长过程中不断变化体现的。而每一个人，从来到这个世界那天起，只要不是有先天的不足，首先是家长都是希望其健康成长，将来更有出息，更有作为，但是始终改变不了，个体差异客观存在的事实。因此，在孩子的成长过程中，我们不能要求每个孩子都一样的好，都实现一样的目标。但是，我们通过五格理念引领、指导，充分发挥每个孩子个人潜能，让孩子在成长过程中，始终能做最好的自己。这样的过程就是健康成长的过程，这样的孩子就是健康成长的孩子。孩子也就能达到各自能达到的终极目标，家长完全不必因为孩子成不了龙而犯愁了。

让我们一起来为孩子的成长塑造五格理念吧！

# 第一节　在成长中建立五格

前面我们把孩子的成长大致分为了学龄前、中小学（小学到高中）和大学三个阶段。第一个学龄前阶段，孩子完全不懂得什么是五格，家长也没有必要直接向孩子灌输五格文化，家长要做的是用自己懂得的五格理念，直接或潜移默化地感染、启发孩子，使孩子逐步具备五格萌芽意识。第二个阶段，是学校教育为主的初等教育阶段，孩子从小学到高中，逐步积累了较为丰富的知识，从小学开始有意识的逐步引导，到初中阶段懂得五格理念基本常识，到高中阶段完全明白并能自觉地用五格理念来指导自己。第三个阶段，高等教育阶段，由于孩子在中学阶段已经形成了五格理念意识，随着专业知识的进一步积累，孩子主动开发潜能的意识会愈加强烈，会自觉地出现更多的主见和创造性思想，为毕业投身社会各个方面奠定坚实的基础。孩子有了自己的主见和远见，家长也就没有必要为孩子的就业发愁了。

## 1、不同阶段中的五格

### 学前教育与五格

学前教育，孩子一出生，就从母体带来不同程度的潜意识，因为大脑发育还不成熟，也存在大脑发育程度不同的问题，因而对新的世界的接受也不会绝对相同。孩子从牙牙学语开始，所接触的父母、爷爷奶奶、保姆、家庭环境、周围环境等都会或多或少、直接或间接影响孩子的成长。这些直接或间接的影响，都是影响孩子五格理念的重要组成部分。大人教给孩子什么，孩子就接受什么；孩子眼里看到什么，就潜移默化地记住什么。孩子的体格、性格特征、语言品质、行为习惯等，都从这里开始萌芽。

在这个过程中，孩子接触最紧密的人，成为直接影响孩子原初成长最大的人。这个人可能是母亲、爷爷奶奶、保姆，然后是父亲、周围人群等。不管是谁，只要成为了孩子日常生活最紧密的人，那就最应该具有五格理念，用五格理念直接或潜移默化地引导孩子。

这一阶段，五格的核心是与孩子相处时间最长、最紧密人主导的立格与守格。立什么样的格，即教会孩子什么？让孩子知道什么是可为，什么是不可为？当孩子出现出格的言行，就要引导纠正。通过立格，让孩子养成好的生活习惯，逐步启蒙孩子喜欢学习的行为。孩子的兴趣爱好，也会逐步出现，一般来讲，这种兴趣爱好也多受常带的人的直接影响，和其所见所闻的条件反射的影响。

具体办法就是，与孩子长时间、最紧密相处的人，对照孩子在体格、性格、品格、人格和行为规范五个方面应立之格的内容，随时观察、发现孩子的遵守情况，结合引导孩子的言行和习惯，对照纠正其出格事项。比如孩子做错事，应帮助孩子知道错在哪里，为什么错了，如何避免再次犯错等。并可在一些行为中，启发孩子的创新意识。比如，买回的玩具被拆散或摔坏了，不是打骂，而是启发、引导孩子组装等。教育引导孩子立格和守格的方法多种多样，孩子成长过程中的每一细节都能找到合理并与之相适应的正确方法，这就要看带养孩子最紧密人自身的五格理念能力了。此外，次紧密关系的人也起着十分重要的配合引导作用，因而也应具有良好的五格理念。否则，一边在引导孩子立格与守格，一边有人在导致孩子出格，那就会是事倍功半了。

总之，学前教育五格，孩子认知事物的能力还不健全，还不具备主动践行五格理念的思维，主要是靠与孩子紧密关系的带养人用五格理念加以引导，让孩子直接或潜移默化中懂得应立、应守之格，让孩子的出格能及时得到纠正，懂得学前阶段的可为与不可为等等。

### 中小学教育与五格

从小学、初中到高中，也是孩子立格成长的关键阶段，这一阶段孩子长时间在学校与老师和同学相处，因而学校环境与教学质量是影响孩子成长的重要一环。尤其是，如果学生寄宿学校学习，那孩子的成长几乎就交给学校了，学校成为其五格理念是否健全的关键。当家长们都明白这一点，择校就会成为有条件的家长争相考虑的问题。孩子在学校，自然由学校完成孩子五格理念的引导，前面五格与教育已经讲了学校教育与五格及其具体方法，这里只讲家庭的配合引导问题。

孩子交给学校，家长并不就是万事大吉了，这个阶段，家长的配合就显得更加重要了。已经寄宿学习的孩子，在假期应与家长紧密接触；没有寄宿学习的孩子，回到家里与家长紧密接触。这时，家长就要观察孩子的五格能力成长情况，关注并提醒纠正孩子出格偏差。随着孩子思维的逐步成熟，适时引导孩子懂得破格、升格和创格思想。并使孩子逐步明白，在向善立格、守格的同时，更应追求向上的破格和破格后的升格与创格，激发孩子主动争取向上的最大潜能。

谁更早明白五格理念的道理，谁更能坚守并灵活运用五格理念，谁的进步势必最大，或者在自己能力范围内做得更好。

具体办法是，家长继续按照五格理念，直接或间接收集孩子五格相关信息，列入登记表考察。补充孩子立格的遗漏，观察孩子的守格程度，统计孩子的出格偏差，关注孩子被动破格的原因并引导重新建立五格理念，鼓励孩子主动破格的升格与创格。相关信息，进入前面建立的统计表格，对照引导。

总之，中小学阶段是孩子成长最为关键的阶段，应从引导孩子懂得五格理念到孩子能主动按照五格理念自己行事。这一阶段，五格理念坚持得越好，就越能发挥出向善、向上的潜能，为后续的大学阶段培养出真正满足社会需要的人才奠定坚实的基础。

### 大学教育与五格

孩子如果在中小学阶段已经培养起了五格理念，大学阶段能完全主动依据五格理念学习成长，那么这样的孩子一定能成为满足社会需要的栋梁。然而，过去的事实往往是，孩子一旦考入大学，似乎就万事大吉了。特别是在考上大学就等于找到了工作的年代，因为没有五格理念指导修为，大部分孩子的大学生涯几乎都是"混毕业"的，一段时间，社会几乎形成了高学历，低能力，本科不如专科，专科不如中专的怪相。因而，大学期间，依然需要继续引入五格教育理念。

这一阶段，随着孩子思维能力的全面提升并基本成熟，五格理念完全可以成为自我意识下的主动修为。学校只需进行一些考核要求，督促确保五格意识的自我完善。这一阶段的五格理念中，重点是引导学生具备主动创格能力，在一边积累专业知识的同时，一边懂得创新、创造的重要性，并将创新、创造带入下一个阶段，成为推动社会发展、进步的核心人才。

大学教育理应成为培养高级人才的摇篮，通过大学专业教育的学习，使学生成为社会各领域能手。在大学教育阶段可以分专业组织成立学生五格理念跟踪考评小组，把创格次数、重要度、影响力等纳入毕业推荐，并可作为重要的就业参考。这样，学生走出校园便能真正学以致用了。

## 2、同一阶段与五格

前面讲了孩子在不同阶段成长中的五格核心与重点，那么在同一阶段中，主要就是通过五格教育的具体方法，从细节上引导与督促。在家庭，有家长主导引导孩子养成五格理念；在学校，由学校主导引导学生养成五格理念；家校结合，完善五格理念。

首先，家长要懂得孩子在本阶段的五格内容，建立立格、守格、破格、升格和创格检查记录。立应知应会，立可为与不可为；守应知应会，守可为与不可为；纠正失格与出格偏差，疏导被动破格后的重新立格；鼓励为升格与创格的主动破格。这个过程，一方面受家长的行为举止潜移默化的感染，还需要家长有意识的明确引导与塑造。其次，同一个阶段中，从孩子学龄开始，学校便成为了孩子五格修为的重要一环，孩子的五格修为自然以学校为主体，按照立各、守格、破格、升格和创格的具体要求加以督促引导，家庭则成为必要而必需的配合与补充。

这样，孩子在同一阶段中，有了家庭和学校双重的五格理念引导，孩子自然能被培养成为具有向善、向上意识的健康人生了。

## 3、五格的共性与个性

不论是孩子成长的同一阶段或者不同阶段，立应立之格，守应守之格，被动破格后的重新立格，为了升格、创格的主动破格就是五格的共性要求。五格的个性特征主要是同一阶段中五格的不同侧重点，不同阶段中五格的不同侧重点和不同个体在五格理念塑造中表现出的不同的差异化特征。

明确了共性特征，便知道哪些是统一的要求；明确了个性化特征，找出差异化的根源，便知道如何针对不同点加以正确引导。共性化内容需要持续督导，个性化特征需要及时、正确加以引导。

　　有了对孩子五格理念共性与个性的正确认识，我们便不需强调孩子成长中本就无法做到的一致性了。这便是指有长短，各有其用的道理。具体到不同的孩子，他们在成长过程中，不管将来考上什么样的学校、成就什么样的事业，只要他们通过五格理念塑造了最好的自己，也就是得到最好的成长了。

# 第二节  用五格促进成长

孩子的成长有着多方面的需求内涵，对于家庭、学校和孩子个人来说，首先是健康，包括身体健康和思想健康；其次是学习成绩优秀并考上理想的学校与专业；再次是踏入社会找到一份理想的职业，过上自立自足，满足幸福美好生活的愿望等。对于社会来说，人尽其才，才尽其用，满足推动社会发展的不同需要。五格理念的根本目标是引导孩子健康成长，努力追求向善、向上去实现自我价值，当孩子思想成熟时，理应懂得正确向利的思想。在成长过程中，通过五格与自我反省，失格后的内外修正，促进孩子的成长。

## 1、五格与自我反省

五格与自我反省是让孩子在成长过程中通过家长和学校的五格律理念引导使孩子懂得用五格理念自查与反省，并使之成为自觉的潜意识行为。通过五格的自我反省，自己便能意识到自己的不足，从而加以自我修正与完善。家长与学校也能发现，当孩子具有五格自我反省理念时，孩子的思维能力也在走向成熟了。这时，家长与学校都应该逐步给予孩子更大自主空间，让孩子沿着自己期望的目标选择与发展。

立格与自我反省。立格确立了怎样立格、立什么样的格、立哪些应立之格，通过对照检查可为与不可为，补充、完善未立之格。

守格与自我反省。守格确立了守所立之格，反省、减少失格，努力避免不可打破之格。

破格与自我反省。破格确立了避免被动破格，追求升格、创格的主动破格，构建不同原因破格后的新的立格。

升格与自我反省。升格确立了主动的破格选择，推动自我提升，确立向上的目标，建立更大的格局。

创格与自我反省。创格确立了主动的破格选择，推动实现更大的自我价值，建立最大的格局。

## 2、失格后的内外修正

五格理念中，孩子的成长阶段最应避免的是因失格与出格导致的被动破格，这也是家长和学校最担心的问题。然而，失格与出格往往是孩子成长过程中不可避免的，这也是成长阶段的正常反应，家长与学校给予及时的发现与修正就显得十分重要了。

失格与出格往往是被动破格之因，失格与出格长期得不到正确的引导与修正，累积负面越多，物极必反，必然导致不应有的破格出现。当孩子处于学前阶段，则是由家长加以及时发现与修正；当孩子进入学龄阶段，则需家长和学校通过家校内外配合，及时发现孩子成长过程中失格与出格的苗头，及时修正，使之回到正确的守格之中。

孩子在成长的过程中，由于心智是从不健全到逐渐成熟的，当初并不懂得自己的言行是失格与出格行为，就需要家长和学校加以及时正确引导与修正。但当孩子明白某事是失格与出格行为而屡次再犯时，家长、学校就要对孩子的失格与出格事项一经再次发现，就要加以记录观察。对多次出现的同一失格与出格现象加以分析，找出根本原因，与孩子一起加以反省，直至彻底杜绝。

# 第三节　成长的格局

　　前面通过孩子在成长过程中各个阶段五格理念的确立，已使孩子有了健康成长的基本保障。孩子的潜意识里面有了五格理念与自我反省的能力，孩子便形成了自己的格局。这个时候，依然存在有的孩子格局大，有的孩子格局小的问题，这是孩子、家庭、学校、周围环境等的共同作用形成的个体差异。只要孩子通过五格理念做到了最好的自己，孩子就实现了自我的最大格局。至于差异，则是个体不同的客观存在，家长完全没有必要再担心孩子的健康成长了。

## 1、每个阶段的结果都由其自身格局决定

　　孩子并非只有五格理念才有格局，每个孩子不管是否经过任何形式的引导，他一旦来到这个世界，自然便会形成自己的格局。只是孩子不同阶段的格局是可以通过五格理念加以塑造和实现最大化的，每个阶段的结果都是由其自身格局决定的。虽然，孩子在懂得用五格理念自我反省前，严格讲还没有真正形成自己的格局，或者说还看不出孩子格局的大小。但至少可以这样判断，当一个孩子先懂得了用五格理念反省自己的修为，那么这个孩子的格局就比不懂得用五格理念反省自己修为的孩子格局大。自然地，有五格理念孩子的格局一般情况下会比没有五格理念孩子的格局大。

　　反过来说，如果一个孩子从来就没有通过五格理念引导，也可能其格局比经过了五格理念引导的孩子格局大，这也是正常的，这是由不同孩子的个体差异决定的。但是，如果我们用五格理念去考察这个没有经过五格理念引导的孩子，他的修为一定大多会满足五格理念的条件的。

　　前面已经讲到了孩子不同阶段格的塑造，那么每个阶段不同孩子所表

现出来的结果自然是由其自身格局所决定的。具体到每个阶段的不同结果，可以表现为以下几个方面。

学龄前阶段。这一阶段，孩子还没有经过系统的人生知识学习，主要靠家长潜移默化或直接的引导。这个阶段表现的结果包括，天生的身体状态、孩子的好动程度、孩子的表现好坏、孩子的兴趣爱好苗头等。这些结果，大多是由与孩子紧密相处的家长与环境影响形成的。俗话说，人看极小，马看蹄爪。说明，一个人从幼小的时候便能窥见其今后的成长发展情况了。因此，孩子从学龄前阶段就应该加以正确引导，引导的缺失，除去孩子个体本身差异外，必然导致存在更多不良的结果。当然，家长的个体差异自然也会影响到孩子的不同结果，而且，这一阶段，孩子表现出的结果往往是家长引导的反映。

学龄阶段。又可以分为前后两段，前段即孩子从幼教、小学到高中阶段，即孩子18岁成年之前的学校学习阶段。后段为已到成人年龄，并进入大学等职业学习的阶段。这一阶段是孩子格局形成的重要阶段。这个阶段表现的结果，身体差异、性格差异、学习成绩差异、青春期叛逆差异、恶习沾染等所形成的成长过程等级变化。总体上都可以用上、中、下等或优、中、差来表达。应该说学校、家长和孩子都喜欢优，因为只有优才是孩子最好的成长结果。但是不同孩子的不同结果又是必然存在的，这个结果自然也是孩子格局的直接反应。

## 2、创造更大的格局

前面讲到孩子不同阶段所表现的结果都是由其自身格局决定的，格局的大小决定了孩子成长的异同。因此，我们应该让孩子成长具有更大的格局，做最好的自己。那么，如何才能让孩子创造更大的格局呢？

用五格理念引导孩子是前提。《礼记·学记》："玉不琢，不成器，人不学，不知义。"

让孩子懂得五格理念是根本。懂得，才能学以致用。懂得用五格理念自我反省是关键。《礼记·学记》："知不足然后能自反也，知困然后能自强也。故曰：教学相长也。"

　　将五格理念付诸实践是保障。在生活、学习和工作中按照五格内容、要求、方法加以实际运用。

# 第六章 ◎ 五格与养生

立格、守格、破格、升格和创格五格理念对养生而言也是十分有用
的。五格理念对人生事业的根本目标是引导和激发向善、向上和向利，放
到对人的养生角度来考察，五格养生的根本目标是通过指导人的身体和心
理健康到达延年益寿。

人出生前，其身体和心理健康程度是由母体决定的，一旦呱呱落地，
就密切受到吃、穿、住、行、做五个方面所依赖的人文与自然环境影响
了，这也是养生立格的五个具体方面。这时，如果懂得五格养生之道，就
多一份健康的保障。

五格养生，立健康之格，守养生之格，治病破之格，养病愈之格，创
长寿之格。五格养生应包括养体（身体）五格和养心（心理）五格两个方
面。

| | |
|---|---|
| 立健康之格 | 创长寿之格 |
| | 养病愈之格 |
| 守养生之格 | 治病破之格 |

# 第一节　养生之五格

## 1、养体五格

| | |
|---|---|
| 立健康之格 | 创长寿之格 |
| | 养病愈之格 |
| 守安康体格 | 治病破体格 |

### 一、立健康体格

健康体格要从吃、穿、住、行、做五个方面来要求，要充分意识到这五个方面都能直接或间接影响自己的体格。在现实生活中，吃出问题、穿出问题、居住出问题、行走出问题、做事情出问题的情况比比皆是。这五个方面是人生基本而必经的过程，对健康的影响密不可分。

| | |
|---|---|
| 吃 | 做 |
| | 行 |
| 穿 | 住 |

关于吃。吃对身体的影响分为直接影响和间接影响两个方面，可以形成正面影响和负面影响两个方面。再具体而言，这两个方面，正说大致有

五个具体侧面，吃什么，怎么吃，吃多少，啥时吃，何地吃；反说大致也可分为五个具体侧面，什么不能吃，不能那样吃，不能吃太多或太少，什么时候不能吃，什么情况不能吃。这些方面，事前就应该有对基本常识的了解和积累，然后就是要有科学的认知观。

| | |
|---|---|
| 吃什么 | 何地吃 |
| | 啥时吃 |
| 怎么吃 | 吃多少 |

关于穿。对于身体健康而言，穿同样存在穿什么、怎么传、穿多少、何时穿、何地穿五个方面。这五个方面一样不能小看，同样可能因为直接或间接关系引起正面与负面的影响。日常穿着是常识问题，而特殊工种时的穿着对身体就尤为重要了。日常穿着不当，可能生病，也可能导致对身体的意外伤害。特殊工种穿着不当，更多的是导致直接的伤害了。因此，穿的五个侧面，一样要加以重视。

| | |
|---|---|
| 穿什么 | 何地穿 |
| | 啥时穿 |
| 怎么穿 | 穿多少 |

关于住。住及住所，居住地。同样存在对身体安全直接与间接影响所导致的正面与负面结果。住什么、怎么住、住多少、何时住、住何地五个侧面，面对不同的居住需要，这五个侧面一样能对身体健康起到重要作用，甚至是决定性的作用。住对身体的影响，主要应该结合不同的需要、

不同的地域、不同的环境来考虑，如果完全不考虑，势必难以避免负面结果的发生。比如，新房怎么搭建、装修材料质量等；又比如是否居住在存在危险源地带，包括自然的和人为的危险源等；居所本身是否存在危险，包括水、电、气的安全等，等等涉及居住安全的影响。

关于行。行指的是出行，包括步行行走和利用交通工具出行两个方面。这两个方面，自然也是会通过直接或间接的影响导致正面或负面的结果。其实，现实生活中，不管是行走还是利用交通工具出行，意外的安全事故时有发生，导致无法挽回的身体健康伤害。

关于做。这里指做事、干事情。做事对于身体自然也是密不可分的，特别是在一些特殊工种中，做什么、怎么做、做多少、何时做、何地做五个侧面都有十分重要的影响。比如对身体有明显危害的作业，有毒有害环境下的作业，有明显不可预知风险的作业等。

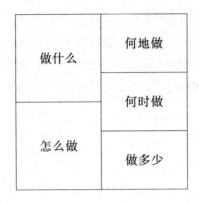

二、守安康体格

明确了立健康体格的各个环节之后，就应该确保其安康。立健康体格离不开从小就养成的健康意识，守安康体格同样离不开从小就养成的健康意识。有了这些健康意识，自然就会在吃、穿、住、行、做五个方面重视自己的健康状态。此外，还应有以下几个方面的坚守，这也是做的组成部分。

坚守不同年龄阶段科学合理的体育锻炼。避免错误或过度的锻炼方式。

坚守不轻信各类保健用品的正确认识。避免负面作用产生的不良后果。

坚定生命发展的客观规律，科学合理的养生保健。

三、治病破体格

人的一生总会遇到各种病症，包括意外事故造成的身体破坏。各种各样的病症，不论大小或严重程度，都是对健康体格的破格。一旦因病破格，就应该及时通过就医加以治疗或康复，而不得讳疾忌医。

病需就医，病必医治；

胡乱投医，破格之始。

小病小治，大病大治；

有病不治，必致体失。

有病治愈，体格得以不同程度的康复。彻底康复，身体恢复原来的健康状态，重新回到正确的立健康体格之中；局部康复，维持新的健康状态，需要建立新的健康体格标准。

身体的每次破格，都是对后来健康体格的警示，又通过警示得以进一

步正确理解养体之道，循环往复，以致减少或者避免新的身体破格

#### 四、养病愈体格

养病愈体格就是破格后的升格，是确保身体的又一次新生。体格因病治愈后，首先应遵医嘱养病，这是养病之前提。二是认清病体原因，若因打破吃、穿、住、行、做五格造成，则应尽量避免再次破格患病。三是回到养体五格的常识中，增强安康意识。四是养成持续健康的心理状态是养体必不可少的有效组成部分。

#### 五、创长寿体格

创长寿体格就是努力创造健康长寿的生命奇迹。长寿体格首先和不同个体的人的遗传基因密切相关，其次是对身体健康的立、守、治、养的一系列主客观必然因素所致，最后是离不开持续健康的心理。

具备了长寿体格的基因条件，如果不重视立、守、治、养，长寿便会与你失之交臂；缺少长寿体格的基因条件，通过立、守、治、养至少可以促进更加健康长寿，二者缺一不可。

## 2、养心五格

古今中外，先贤圣哲早有养心之道，我们尽管拿来，为我所用便是。然而，这里讲的养心，则是依照五格理念派生的如何保持健康心理状态。

所谓健康心理，是指心理的各个方面及活动过程处于一种良好或正常的状态。心理健康的理想状态是保持性格完美、智力正常、认知正确、情感适当、意志合理、态度积极、行为恰当、适应良好的状态。养心，就是要保持这样的状态。

养生需要养身（即养体）、养心，养体也需要养心。养心，这里指心态、心理。有了好的心理状态，才谈得上如何养生，否则，大谈养生之道，无异于缘木求鱼，方向都弄错了。

养心就是养成健康的心理状态，在养生中除了以独立健康的心态出现外，还贯穿于养体五格的各个方面。心理不健康，同样是病态，是对健康心态的破格，因而养心也有立、守、治、养的要求。具体如何立、守、治、养，这里暂不赘述。

心理不健康，大多是心理压力引起的。不同的人，不同的阶段，可能

面对不同的心理压力，如果压力得不到正确的释放，就必然转化为心理疾病，从而进一步加大对心理健康的负面影响。有了五格理念，就能正确面对问题，合理释放压力，确保长期持续的健康心理。

如何养心，可以有很多种不同的具体方法，可以借鉴古今中外养心之道，也可以有自己独特的修养方式，这都是立健康心理之格的需要。五格之法，本身就是健康的养心方法，按照五格理念行事，心理不可谓不健康了。

# 第二节　破格与康复

健康中的破格，就是因病或其他任何原因打破了健康的身体或心理状态，不管因哪种具体原因而破，都是病症的体现。既然是病症，就需要通过就医加以治疗，通过医治促成其病理康复。只有病理康复了，身体和心理才能回到新的健康状态。医养一体就是促成身心病理康复、重归健康最直接、最有效、最根本的方式。

## 1、小病即是破格

在身心健康中，病无论大小，病再小，有病就是对健康的破格。按照五格理念，破格就要通过治疗重新立格，康复就是重新立格的终极目标。因此，当出现小病，就要结合基本常识判断采用何种方式康复。

日常生活中，也可能因一些常识，小病不需治疗，自然就康复了。但也要懂得，小病若不治，或小病吴治成大病的道理。因此，当小病明显的加重，或出现久治不愈，就应该就医检查，或到更高级别的医院检查治疗。避免因小病导致难以或不可挽回的大病破格。

如何判断小病，大多属于日常生活基本常识，这里不赘述。

## 2、医养一体是守格的根本

严格上讲，医和养在身心健康中是密不可分的。医是为守格而重新对健康身心立格；养是单纯的身心守格，或重新立格后的守格。因此，医养一体是守格的根本。

单纯的医，单纯的养既需要常识性认知，也要有科学的区分。可以养而不医（仅限于健康状态下的休养），但不能医而不养。医而不养，不利于促进身心更快的康复。

医养一体是近几年国家惠及民生的重要国策，其本意是保证良好医疗条件的同时，创造良好的疗养、休养条件。这自然有利于全民健康，有利于提高全民医养素质。一人健康得以持家，众人健康方可强国。

日常生活中，养应该在前，医在后；一旦身心被破格而医，自然医在前，养在后了。养在前，养即守，就是确保身心不因病症被破格求医。

养在医之前，是保养，是休养，使身心保持充分健康状态，避免或减少病症。养在医之后时，是疗养，是康养，使曾经的身心病症得到康复。

养在医之前，具体如何养，大多需要日常正确养生知识所积累的一些普遍性的方法。这些方法，包含于前面已讲到的衣食住行的各个方面。

养在医之后，具体如何养，大多首先要遵医嘱，然后结合日常正确的养生方法行事。

# 第三节　最后的破格——生命终点

生老病死是人生不可回避的生命规律，如果没有正确的养生常识，那么可能在任何一个年龄点被生命破格，成为生命的终点。因此，有了五格养生理念，就可以促成延年益寿，延长生命的终点。而当不可避免地出现生命的终点时，也能客观面对这最后的破格。

## 1、延年益寿离不开五格调理

前面所讲养生各个方面也都是为了延年益寿，各个方面也都可通过五格理念加以调理。不立身心健康之格，就不懂得是哪些方面在决定身心的健康；不守健康身心之格，就必然增加身心健康因各种原因的病症或伤害被破格；不懂得身心被破格后需要重新立格，就必然使病态的身心得不到及时合理的康复；不懂得身心被病症破格医治后的调养康复就是升格，就不懂得珍惜自己的身心健康；不懂得确保延年益寿就是创格，就不会去创造条件获得健康长寿了。

因此，健康长寿离不开五格理念，懂得了五格理念与健康，便会去创造条件获得健康长寿。尤其是，在创造条件促成延年益寿养生格局中，立格与守格是确保身心健康之本，破格是不可避免的病症，升格是治病与康复的客观需要，创格是确保延年益寿本应有的追求。

如何创造条件延年益寿，除了个人懂得正常的五格养生理念外，自然还需要家庭、社会的客观条件的努力与配合，使之成为尽可能的现实保障。对家庭来说，就是家庭环境与亲情的保障；对社会来说，就是社会环境与医养发展水平的保障。

## 2、客观面对最后的破格

人对于延年益寿的追求是无限的，但人的生命确是有限的，在这无限的追求与有限的生命中，我们应当正确面对最后的破格——生命的消亡。

人类社会，不同的人群或个体对于生命的消亡有不同的信仰，但都改变不了生命个体最后不可逆转的客观现实。万事万物都有生有灭，生、老、病、死则是人的生命里程。当我们都从五格理念中经历了这一不可避免的生命历程，不管是活着的人还是离开的人，都应能接受这一客观的现实。

活着就要创造条件延年益寿，当逝者已矣，生者依然能面对现实，追求自我，活着的我们才真正明白了生命的价值与意义，也就能坦然面对生命的最后破格。

# 第七章 ◎ 五格与婚姻

# 第一节　婚姻与五格

在婚姻五格中，结婚成家生子是立格，保持长期的稳定的夫妻与家庭关系是守格，离婚是正常婚姻失败后的破格，过上幸福的生活是升格，共同创造更加美好的生活是创格。婚姻中的立格与守格，更多地是为了满足社会传统道德的需要；婚姻中的破格，是不得不打破婚姻现状后的重新立各与守格，而不是为了升格或创格而破格；婚姻中的升格与创格，则是个人或夫妻共同追求更大地满足人的身心幸福的需要。

| | |
|---|---|
| 立结婚之格 | 创美好之格 |
| | 升幸福之格 |
| 守成婚之格 | 免离婚破格 |

## 1、结婚是个体破格后的立格

男人和女人在成年以前，都是以各自父母家庭为中心的不同个体，都各自经历着成长中的五格历程，努力成为了最好的自己。而一旦成人，达到谈婚论嫁的年龄与条件，就应该选择结婚。从小的层面讲，这是个人实现完整人生的需要；从大的层面讲，这是满足健康家庭的需要；从更大层面讲，这是推动社会发展的需要。因此，在人类社会规范中，结婚是人生的正常普遍选择，不结婚则成为了社会中的异类了。一个国家，也往往都有各自的婚姻法律体系来为婚姻提供约束与保护。

人一旦结婚，自然打破了原有单身的个体格局，通过共同组成的家庭，满足身心的新的需要，这就需要重新立格。新的立格则不应再以个体为中心，而是以建立的新的家庭为中心了。走向成年的个体为追求婚姻而破格，应成为主动破格的必然，这种破格还应成为满足更高身心需要的必然。那种拒绝婚姻的个体选择，往往在社会生活中成为不正常，不健康心理的一种具体表现。

## 2、结婚与新的五格的构建

结婚后具体需要建立怎样的婚姻五格呢？这得从满足婚姻的最大追求来构建，包括成家、教子、守道、立业和享福五个方面。这五个方面相辅相成，融为一体，则能达成幸福美满的婚姻。

| 成家 | 享福 |
| | 立业 |
| 教子 | 守道 |

在婚姻立格与守格中，组成家庭是前提，教子是必要，守道与立业是保障，享福则是幸福美好婚姻生活的体现。这五个方面，整体看有自身的五格关系，每一个方面也需要遵循五格理念，才能构成完美的婚姻关系。

成家，要满足组成一个完整的家庭的各种条件。

教子，要教育孩子构建人生的最大格局。

守道，要遵循家庭婚姻道德规范，包括夫道、妇道、孝道。

立业，要建立满足幸福美好生活需要的家业。

享福，尽可能实现满足身心需要的各种幸福感。

上述五个方面若不能正确坚守，轻则会产生一定的家庭矛盾，当家庭矛盾能够有效自我调节或外部调解克服时，不构成对婚姻的破坏，即婚姻就不会被破格；重则当这些矛盾不可调和时，就会产生婚姻破裂而遭致破格。

因此，日常婚姻生活中，不仅要懂得正确立格，更重要的是要坚守好自己的婚姻之格，努力避免婚姻破格。

### 3、升格与创格是为了更加幸福美好的家庭

婚姻中的升格与创格是为了更加美好幸福的家庭，那么如何才能做到呢？当然，首先还是对照检查自己立格的五个方面是否做好，五个方面配合得越好，幸福感自然越好。即，五个方面的优劣程度，就是幸福感的幸福指数。

因此，追求婚姻升格，就是不断提升婚姻立格的指数。如果我们把成家、教子、守道、立业和享福各设定为20分，幸福美满的婚姻就是100分。

| | 享福20% |
|---|---|
| 成家20% | |
| | 立业20% |
| 教子20% | |
| | 守道20% |

进一步分析，上述五项中，任何一项都不能为零分，否则就会因为绝对的破格而遭致婚姻破裂。再进一步用比例来衡量幸福指数，综合指数大于80分为和谐婚姻家庭，大于90分为幸福家庭，接近100分为幸福美满家庭。

因此，幸福美满的婚姻，就是不断创造条件，让个人追求的幸福指数无限接近100分。

# 第二节　破格与离异

　　追求幸福美好的生活是所有婚姻的初衷与向往，然而"此事古难全"，实际生活中总会出现一些不可避免的婚姻破格而无法或者无须挽回，有的甚至不得不及时主动选择离婚破格，从而挽回可能彻底丧失的身心健康或更大的不良后果。

　　如果我们经历了五格理念的熏陶，就应该尽力避免不该发生的破格。当然，不管掌没掌握五格理念，个体的差异，心智的不同，对五格理念接受程度的多少等，依然会出现意想不到的破格局面，导致婚姻破裂，或出现更大的过激行为。那么，此时离婚成为必然，或不得不主动做出的最好选择。从某种意义上讲，这同时是保护自己、保护家庭、甚至不排除是保护社会的选择。

　　那么，五格理念更健全的个人就应该首先做出理智的选择，如果出现彻底失控的不理智行为，可能遭致更大的恶果，自然什么理念也无济于事，只能交给法律去解决了。

## 1、离婚是不得不破之格

　　离婚是不得不破之格，现实生活中，当婚姻的一方或因不可调和的矛盾、或因不可承受之重、或因不可承受之痛、或因不可挽回的身心（身体与心理）条件等等，都可能导致婚姻破裂而不得不离婚。尤其是，当婚姻中出现家暴等危及自身生命安全时，受虐一方选择主动离婚是自我保护的有效手段。

　　离婚的方式可能是理智的协议离婚，也可能是走上法律程序。但不论何种方式，都是不得已而为之了。

　　理智的离婚自然是通过双方协商，达成各方面的一致与谅解。

　　法律程序下离婚则是无法实现自我调解的最好选择。

## 2、离婚与再次立格

当离婚成为现实，双方都需要重新再次立格，重新回到五格理念中，用五格理念再次完善自我修为。这些立格首先是个人、个人与家庭的重新立格；然后是是否考虑再婚组建新的家庭与新的家庭再次立格，避免再次走上婚姻破格之路。

对于反复多次婚姻破格之人，一定要考察其身心健康缺陷，即使是性格缺陷也是身心健康问题，其家庭应该引起关注和重视了。

当然，明知身心健康存在问题，就应该避免婚姻状态的出现，这当然是对个人、对家庭、对社会的负责。

## 3、离婚破格是为了新的更加幸福美好的人生

当婚姻矛盾从主客观层面、道德层面、责任与义务层面都不可调和，已然不能实现双方追求幸福美好生活的目的时，在解决好既有应当而必须承担的个人责任、家庭责任和社会责任前提下，主动离婚破格是必要的选择。

然而，现实生活中，往往会因为各种因素而选择忍气吞声，得过且过。当然，只要还能得过且过，那也是个人认为可以接受的婚姻状态了。

# 第三节　再婚五格

婚姻是为了共同追求美好生活的人生选择之一，因各种情况已经丧失婚姻的人，不论年龄大小，只要满足重新建立婚姻家庭的条件，都应该主动选择新的婚姻再婚。再婚既然是新的婚姻选择，依然应该遵循婚姻的五格理念，并应通过婚姻五格理念重新审视并完善自己的修为，避免婚姻再次破格。

### 1、满足再婚立格的条件

首先，个人身心保持健康，或者恢复了健康，能够以一个正常健康人的心态做出新的选择。

其次，处理完成了前段婚姻的相关责任与义务，不会因前段婚姻影响新的婚姻选择。

第三，做好了再婚立格的新的准备，能够在新的婚姻格局中追求新的更加美好的幸福生活。

## 2、新的家庭婚姻五格

满足了上面再婚的条件，就可以正确选择新的婚姻生活了。一旦做出了新的婚姻选择，事实上又必须重新回到新的婚姻立格中。新的婚姻立格，包含着对前段婚姻破格的审视。不管是何种情况下离婚与再婚，构建婚姻立格的五个方面都是一样的，其目的都是为了共同追求更加幸福美好的生活。

再婚后的新的婚姻立格，可能或因年龄阶段的不同，或因双方承担前段婚姻责任与义务的不同，使新的婚姻五格出现差异，甚至缺项。那么，守格就应该做出相应的偏向，重新确立准确幸福指数的分值。

从上面婚姻立格五个方面看，再婚立格可能在教子与立业两个方面出现不同程度的变化，有的缺少一项，有的两项全无。也有的可能因一方或双方前段婚姻的子女而增加了教子的难度，但分值不变。只有真正的缺项出现，才可以考虑将该项分值平均分担到其他选项中，从而考察再婚的幸福指数。

# 第四节　婚姻的格局

从婚姻的五格构建中，我们已能看到婚姻的格局了。婚姻格局的大小，总体来说就是婚姻五格幸福指数的大小，当婚姻幸福指数无限接近于100时，婚姻的格局也就越来越大。因此，在婚姻生活中，我们应该去追求最大的幸福指数。

## 1、持久幸福美好的家庭婚姻是婚姻最大的格局

毫无疑问，持久幸福美好的家庭婚姻是婚姻的最大格局。人是有思想有情感的，身心正常健康的人，都有七情六欲，都应该懂得什么是正常的生活，什么是幸福的生活，什么是幸福美好的生活。这其实是每个人对幸福指数的心理满足，不同的个体有不同的认知差异，但只要内心自我确立并感受到了这样的幸福指数，那么个体就达到了各自对于幸福生活的最大格局。

不懂得婚姻五格理念的人，可能对于婚姻格局没有一个具体的指向，有家是一种幸福，子女健康成长是一种幸福，家庭矛盾少是一种幸福，家庭的优越感是一种幸福，家庭安康是一种幸福，家业兴旺是一种幸福等等，只要内心有这样的认同感，那么都是幸福的具体表现。

而懂得婚姻五格理念的人，则会从婚姻五格指数的各个层面去综合审视，主动向着更高的阶段追求，这种持续追求的过程，本身就是幸福的。而当持续无限接近幸福指数100时，也就不知不觉或自然而然地实现了婚姻的最大格局。

## 2、用五格督促完美婚姻格局

不懂得婚姻五格理念的婚姻格局是有限的，懂得五格理念的婚姻格局

是无限的。因为，我们应该学会用五格理念来督促完美的婚姻格局，实现持久幸福美好的家庭婚姻。那么，具体如何督促呢？自然是用婚姻五格的五个方面来时常检视，减少并及时修正出格偏差，确保完美的婚姻格局。

婚姻五格与立格的五个方面中有具体对应的日常生活细节，这里暂不去赘述，但一个身心正常健康的人，在成长过程中形成的正常思想情感下，是能够明白每个方面应该遵循的基本常识。这些基本常识是构成幸福指数的重要组成部分，是否发生偏差，应当显而易见。

非得要具体考察，那就对应婚姻五格与立格的五格方面，自己给自己打分，就能自我审视幸福指数程度了。当你通过对失格偏差的不断修正，就督促了不断接近完美的婚姻格局了。

### 3、个人格局是影响婚姻格局的动因

当我们都明白了人生格局的相关内容，明白了为什么、怎么样构建个人的人生格局，明白了如何追求人生的最大格局，那么就不难理解个人格局是影响婚姻格局的动因了。

在婚姻格局的出格与破格中，我们应当首先从自我找原因，用五格理念审视自己的修为是否出现偏差或者根本就背离了人生五格理念。在婚姻生活中，个人婚姻格局发生失格偏差，可能直接或间接影响家庭婚姻格局；个人婚姻格局被打破，必然直接使家庭婚姻破格。因此，在婚姻生活中，个人必须首先自我审视。

# 第八章 ◎ 五格与企业

　　五格理念的根本目标是追求人生与事业向善、向上、向利，这与企业的目标是一致的。从企业内部需要看，各个环节都需要向善、向上，只有首先做到了向善、向上才可能达成向利的目标；从企业的外部需要看，在市场经济条件下，任何企业都必须向利，否则无以为继，更谈不上做大做强了。

　　表面看，就企业本身而言，是一个独立的系统，不同的企业又有不尽相同的独立体系。但任何企业都是通过人来构建的，离开人，无从谈企业，企业的大小、优劣都和人密不可分。在企业的所有要素中，人是企业必须而首要的要素。而个体的人存在着诸多方面的差异，格局大小因人而异。仅从格局方面而言，人的格局越大，必然影响或带动企业的格局越大，反之亦然。

　　我们知道，人生事业格局是由立格、守格、破格、升格和创格五格组成的，从立格、守格、破格、升格到创格，每一个环节都是为了历练人生格局向着最大化发展。人的格局越大，相应地人的成就越大。人生追求的最高境界就是构建最大的格局，那与人密切相关的企业也需要构建起自身的格局，并追求企业的格局的最大化。相应地，企业也有五格，企业五格也是从立格、守格、破格、升格到创格的过程，不断地推动实现企业格局的最大化，企业的格局越大，企业的成就自然越大了。

　　在企业中，人是通过不同的专业岗位存在的，那么，不同岗位的个体，要想成就越大，首先自身格局要大。当低岗位的个体格局足够大时，便有机会升格到更高的岗位。如果每个岗位的个体都做到各自最大格局时，那么必然推动企业实现更大格局。尤其是各个环节带领企业发展的最高层级的个体的格局，必然影响并决定整个企业格局。所以，企业的最高管理者必须是格局最大的那个个体，否则，必然会影响并制约企业向善、向上、向利的更大格局。

　　人对于构建企业格局如此的重要，因此在构建企业格局中，如何用人，用什么样的人，怎样用好每一个人，就成为企业用人必不可少的要求。简单地讲，企业应该用格局大的人，而具有五格理念的人，自然懂得如何构建格局的大小。然而，人的五格理念不是生来就具有的，是通过后天逐渐历练形成的。相应地，企业的格局也不是一注册成立就有的，是通过组成企业的人逐步建立形成的。这种建立或历练形成的格局，也不是以某个阶段结束为标志，而是各个阶段都需要结合五格理念加以审视，方能成就企业格局的最大化。

总体上讲，人生事业的五格就是企业也应具有的五格，都需要立格、守格、破格、升格和创格，都需要通过五格来实现向善、向上、向利的最大格局。所以，企业五格，仍然结合人生事业五格来考察。

在企业五格关系中，立格是基础，守格是必然，破格是需要，升格是追求，创格是为了实现更高、更大的发展。

### 企业五格关系图

#### 五格基本模型

| 立格 | 创格 |
|---|---|
| | 升格 |
| 守格 | 破格 |

#### 企业关系整体五格

| 立格<br>（注册与建章建制） | 创格<br>（创新创造） |
|---|---|
| | 升格<br>（个人与企业的升级） |
| 守格<br>（员工分层分级管理） | 破格<br>（不同岗位和环节的破格与转型） |

那么，具体到企业的五格又该如何建立呢？这需要从企业的各个层面来体现。下面，我们就从企业架构与五格、企业各环节与五格、员工素质与五格、企业发展与五格和企业的格局五个层面来考察。

# 第一节　企业架构与五格

企业的架构，即企业管理体系的整体框架，是根据不同性质的企业满足国家的法律法规前提下结合自身的需要而建立的。不论哪种性质的企业，首先要按照公司法登记注册，完成银行、工商、税务等基本外部保障体系。然后是建立、完善企业内部管理体系。企业内部管理体系主要包括与人、财、物、产、供、销等企业生产经营所必需的直接或间接相关的企业管理组织机构。具体包括部门设置、岗位设置及其相应的流程、规范、制度等。总体上属于企业整体的立格范畴。

企业不论大小，都要有自己的架构，可以根据实际需要可繁可简，但却不能什么都没有。企业越大、越规范，要求架构就越完善；企业要想做大、做强，也必须首先做到架构规范完善。

企业架构不规范完善，势必造成企业管理的脱节，轻则影响企业效率与效益，重则会阻碍企业健康发展，甚至造成不可挽回的损失。企业架构过于繁琐，人浮于事，轻则浪费不必要的资源，重则降低工作与生产效率，也会阻碍企业的发展。如何做到科学、合理，充分满足企业不断增长的需要的组织体系则是最佳的企业架构。

企业架构一开始时可以因繁就简，随着发展的需要不断完善。部分企业则一开始就要建立严格而完整的架构体系，否则就会因为失控而导致损失或者经营失败。因此，企业架构科学合理的选择，全靠个体的人对该企业的驾驭能力了。

## 1、企业架构体系立格

企业架构体系立格，包括选项、定名、选址、机构及建制五个方面。就是建立针对性的组织机构，对岗位进行总体划分，并首先明确岗位第一责任人。

| 选项<br>(选定企业性<br>质、行业、<br>具体项目、<br>可行性) | 建制<br>(建立经营管理<br>制度体系) |
|---|---|
| | 机构<br>(设立经营管理<br>组织机构) |
| 定名<br>(注册定名) | 选址<br>(环境、规模及<br>可行性) |

最简单的基本架构模板如下：

一级职位

董事长或总经理（第一负责人）

二级职位（部或科）

行政办 财务部 采购部 工程技术部、生产部 销售部

三级职位（班组或项目）

四级职位（具体岗位）

五级职位（编外人员）

不同企业具体如何设置，需要结合企业性质、规范大小、发展方向而定。主体架构体系设定后，首先要配置满足不同层级生产经营需要的人，并由每个层级的第一负责人去组织实施完成各层级的岗位工作。

企业总体架构完成后，与架构相适应的管理制度体系则是立格之本，主要包括发展计划、岗位责任制、业务流程、业务规范制度等。而各层级岗位流程、规章制度，则由企业第一负责人组织各层级第一负责人制定，并在实践中修正、补充完善。

### 企业基本制度体系

| 类别 | 细则 | 缺项 | 备注 |
|---|---|---|---|
| 企业战略规划 | 短期、中期、长期 | | |
| 生产经营计划 | 短期、中期、长期 | | |
| 行政人事制度 | 行管、人事、薪酬 | | |
| 财务制度 | 会计核算、财务管理 | | |
| 生产工艺流程 | 生产管理、工艺流程 | | |
| 采购供应链制度 | 零星采购、大宗物资 | | |

| 销售制度 | 任务、分区、售后 | | |
|---|---|---|---|
| 技术质量制度 | 工艺技术、质量管理 | | |
| 安全管理制度 | 产品安全、管理安全 | | |
| 岗位责任制度 | 各环节及个人 | | |
| 各项考核制度 | 各环节及个人 | | |

## 2、企业架构守格与完善

首先，坚守确保企业正常持续经营的整体架构，并使之具有稳定性。由于企业架构是在满足和适应企业发展需要过程中确立并不断完善的，因而必须坚守。尤其是按照公司法建立的企业必须满足国家法律法规需要的框架体系及其具体要求必须持续坚守，否则企业触犯法律法规，便转化为违法经营，必然给企业造成不可挽回的损失。

其次，坚守各项规章制度，并在执行中不断修订完善，使之完全适应企业发展的需要。规章制度是企业正常有效运行的保障，是企业架构立格的核心，是确保企业架构的具体措施。各项规章制度的坚守主要是通过建立各项考核和奖罚措施来体现，使之有章可循，尽可能减少经营管理中的盲目性和随意性。凡是能与国家法律法规相结合的规章制度，必须与国家法律法规的要求保持一致，以增加规章制度的严谨性和威慑作用。

最后，坚持企业架构必须适应企业不断发展变化的需要，及时补充、修订完善，避免因企业架构失当而阻碍企业的健康发展。企业架构一旦建立完成，并非一劳永逸，还必须紧随国家政策和法律法规的变化而变化，必须结合企业发展需要而变化，这种变化也是为了确保企业架构持续有效运行。

企业架构的建立与坚守要学习借鉴同行业和优秀企业的管理经验，避免闭门造车式的硬套条条框框造成企业架构成为摆设，甚至出现负面效应。

企业架构守格检查考核表

| 类别 | 细则 | 分值 | 备注 |
|---|---|---|---|
| 企业战略规划 | 短期、中期、长期 | 10 | |
| 行政人事制度 | 行管、人事、薪酬 | 10 | |
| 财务制度 | 会计核算、财务管理、预决算 | 10 | |

| 生产工艺流程 | 生产管理、工艺流程 | 10 | |
| 采购供应链制度 | 零星采购、大宗物资 | 10 | |
| 销售制度 | 任务、分区、售后 | 10 | |
| 技术质量制度 | 工艺技术、质量管理 | 10 | |
| 安全管理制度 | 产品安全、管理安全 | 10 | |
| 岗位责任制度 | 各环节及个人 | 10 | |
| 各项考核制度 | 各环节及个人 | 10 | |
| 分值合计 | | 100 | |

上表10个方面，根据不同性质的企业取舍相应项目并平均进行分值调整，细则中的事项需要结合不同性质、不同规模的企业具体而定。在企业管理中，任意一项都不可或缺，具有同等重要度。要确保企业良性运转，单项分值需达到8分以上，9.5分以上方可进入优秀企业行列。

## 3、企业架构破格及其条件

企业架构的破格，根据五格原理，分为被动破格和主动破格两种基本情况。企业架构被打破是十分严重的问题，被打破的情况主要有，或因经营不善而倒闭，或因违法违规而关闭，或因国家政策而关闭等；主动打破企业架构是不得已的选择或者是做大做强的需要，主动打破的情况有，或因企业转型升级，或因企业产品结构调整，或因扩大规模，或因兼并重组，或因合作经营等等。

企业架构被动破格的对策。企业架构被动破格后，要结合其被破格的不同具体原因正确确立对策。但不论哪种情况的被动破格，都必须面对现实，按照国家法律法规完成企业的清理，并合理妥善解决遗留问题，只有这样才能浴火重生。

企业架构的主动破格则是企业已有对策为前提的，这种对策便是企业新的架构的立格。包括企业组织架构的重新调整和与之相适应的新的企业管理规章制度体系的重新建立或修订、补充、完善。

在企业架构的破格理念中，坚决避免被动破格，抓住机遇选择破格，做大做强主动破格。使破格在企业的可控或掌控范围内就能减少或避免损失，争取企业利益的最大化。

企业架构破格检查考核表

| 类别 | 细则 | 缺项分值 | 缺项占比% | 备注 |
|---|---|---|---|---|
| 企业战略规划 | 短期、中期、长期 | | | |
| 行政人事制度 | 行管、人事、薪酬 | | | |
| 财务制度 | 会计核算、财务管理、预决算 | | | |
| 生产工艺流程 | 生产管理、工艺流程 | | | |
| 采购供应链制度 | 零星采购、大宗物资 | | | |
| 销售制度 | 任务、分区、售后 | | | |
| 技术质量制度 | 工艺技术、质量管理 | | | |
| 安全管理制度 | 产品安全、管理安全 | | | |
| 岗位责任制度 | 各环节及个人 | | | |
| 各项考核制度 | 各环节及个人 | | | |
| 缺项合计 | | | | |

这里的破格检查是指日常经营中的破格检查，而非企业架构被打破或主动破格的检查。类别缺项，单项占10分；细则缺项，单项占0.5分。缺项分值10分以上，企业因破格存在较大管理风险。因此，破格分值越低越好。

## 4、企业架构升格及其条件

企业架构的升格是企业发展壮大的必然选择。任何企业，一开始并不是马上进入大企业行列，都会经历从小到大，从弱到强的过程。这个过程中，企业的架构就必须与之相适应，结合企业规模的大小选择或制定满足发展需要的架构。

具体包括，扩大经营规模，增加软硬件投入，组织机构、岗位扩编，完善制度体系等等。具体怎么做，要结合企业性质、规模大小、行业要求、产品情况等综合考察，没有必需统一标准，以同行业或优秀企业为参考，以满足企业发展需要，实现效率和效益最大化而定。

企业架构的升格是紧随企业发展需要的，企业按部就班、停滞不前就谈不上升格发展。出现升格的条件，一是不可预见的市场需求突然扩大，倒逼企业必须升格才能满足发展的需要；二是有准备的破格而升级，则需提前做好满足升级需要的企业架构。

企业的升级必须量力而行，避免盲目扩大生产经营规模，避免没有充分准备下的升级。而当机遇出现时，又必须当机立断，抓住机遇促成升级。

**企业架构升格的五个方面**

| | |
|---|---|
| **软件**<br>（内部管理） | **建制**<br>（经营管理制度<br>体系完善） |
| | **机构**<br>（组织机构、岗<br>位扩编） |
| **硬件**<br>（设备设施<br>更新换代） | **规模**<br>（产销扩大） |

软件的升级帮助企业提高经营管理水平，硬件的升级帮助企业提高产品和服务质量，规模的升级促成企业的发展壮大，机构的升级满足提高管理效率，制度体系的升级则是企业整体升级的根本保障。

## 5、企业架构与创格

在现代企业中，企业架构大致是相同或相近的，那么企业架构如何创格呢，当然不是要创造一个全新的企业架构出来。企业架构与创格，主要是指企业架构要满足企业创新、创造的需要。任何一个企业的架构，如果不能满足企业创新、创造的需要，那么这个企业就会按部就班、停滞不前，必然缺乏升级发展的动力。

企业的创新创造主要包括，激发员工的创新创造思想，创新经营管理手段，创新生产工艺，研发创造新的产品，创建新的企业等方面。企业架构有利于这些方面的创新创造，不仅能增强企业的竞争力，使企业立于不败之地，也必然能推动企业做大做强的发展，达成企业五格理念向善、向上、向利的根本目标。

企业架构与创格的五个方面

| 创新思想<br>（全员） | 创新企业<br>（发展） |
| | 创新产品<br>（研发） |
| 创新手段<br>（各环节管理） | 创新工艺<br>（产品） |

创新思想激发人的潜能，创新手段提高经营管理水平，创新工艺确保并提高产品质量，创新产品增强市场竞争能力，创新企业促成企业做大做强。

那么企业架构如何实现这五个方面的创新呢？这又回到企业架构立格上来，企业立格的制度体系必须为创新创业提供保障，或者必须有利于激发企业的创新创造活力。而这方面除了培养具有五格理念的员工外，还要通过企业内部具体管理制度，主要是人事薪酬制度和奖励考核制度中得以体现。

# 第二节　企业各环节与五格

现代企业的各环节，一是企业组织架构的各环节，具体指部门科室设置的各环节，二是综合管理中的人、财、物、销、供、产、存各环节，三是产品工艺中的人、机、料、法、环各环节。其涉及到的各项管理制度，共同构成企业架构制度体系的细则。

只有弄清了企业的各环节，我们才能针对每一个环节进行五格理念分解落实。每一个环节都应有立格、守格、破格、升格和创格的要求和约束，那么企业才能真正实现在五格理念下摆脱困境并发展壮大。

各环节最终都要对应到企业架构中的部门科室中落实，下面我们就从企业架构中的部门科室与五格为例来加以说明。

**企业基本部门科室**

| 总经办<br>(行政、人事、工资、计划、后勤、监察) | 生产部<br>(技术、质量、工艺、计划、生产、成品半成品仓储) |
| --- | --- |
| | 采购部<br>(物资、供应链、原辅材料仓储) |
| 财务部<br>(财务、计划、审计) | 销售部<br>(市场、收款、售后、退货) |

上述基本部门中的具体环节，还可根据企业需要选择性设立独立成为基本管理部门。不管是哪个部门，其在经营管理过程中都有立格、守格、破格、升格和创格的五格要求，都需要运用五格理念督促与优化，共同促使其良性运转的同时，实现企业利益的最大化。

下面看看部门科室在五格中的具体对应关系，找准对应点，部门五格才能与企业架构五格形成有机的统一体，从而实现更加科学合理的企业架构。

部门科室五格

| 立格<br>(岗位责任制、本部门管理制度) | 创格<br>(创新、研发) |
|---|---|
| | 升格<br>(超目标任务) |
| 守格<br>(规章制度、计划任务) | 破格<br>(工作失职、费用超额) |

　　部门科室立格的第一责任人为部门负责人，或由部门负责人牵头组织本部门人员共同拟定，由企业第一责任人或企业分管负责人签发实施。部门科室守格则是本部门全体成员，部门第一负责人起督促作用；应该建立自查机制，随时检查、修复、考核失格项。部门科室破格，是指给企业造成了实质性的经营损失，由部门科室责任造成的，接受企业监管部门的监督考核；部门能提前预警的，应向企业监管部门及时反馈。部门科室的升格，特指超额完成目标任务，应得到企业的奖励。部门科室的创格，则应落实到创新研发的直接受益人，并根据贡献大小给予奖励。

　　这里立格是基础，守格是保障，破格是问题，升格是需要，创格是向上、向利的更大突破。

## 1、各部门科室制度立格

　　(1) 设置分工岗位，定岗定员

　　(2) 建立岗位责任制，上墙目视

　　(3) 制定部门业务管理制度，包括流程节点的管理规范

　　(4) 结合生产经营情况需要及时修订完善相关内容

部门科室制度明细表

| 岗位名称 | 基本制度明细 | 修订制度明细 | 增补制度明细 | 制度数量 |
|---|---|---|---|---|
| | | | | |
| | | | | |
| | | | | |

## 2、各部门科室守格与完善

（1）执行情况自查，及时纠正失格项

（2）发现不适应的事项，转为立格修订完善

（3）增补满足新的需要，转为立格补充完善

部门科室守格自查表（月度）

年　月

| 岗位名称 | 失格 | | | 修订项 | 增补项 |
|---|---|---|---|---|---|
| | 失格事项 | 次数 | 影响结果 | | |
| | | | | | |
| | | | | | |
| | | | | | |

## 3、各部门科室破格及其条件

企业部门科室的破格，一是部门科室因工作失职，在没有预见情况下导致的经营损失和费用增加，给企业造成了实质性的经营损失。这些损失包括直接经济损失，间接经济损失与负面影响等。二是部门科室在已有预见的情况下，依然导致了企业实质性的经营损失。三是经营费用严重脱离计划而超额，导致企业决策误判，从而导致企业的经营损失。

部门科室破格统计表（月度）

年　月　日

| 岗位名称 | 工作失职破格 | | 费用超额破格 | | 处理结果 |
|---|---|---|---|---|---|
| | 破格事项 | 损失情况 | 破格事项 | 损失情况 | |
| | | | | | |
| | | | | | |
| | | | | | |

部门科室破格造成企业经营损失的，依据情节严重程度和损失大小加以处理。直接责任人与部门负责人都应承担一定的责任，触犯国家法律法规的，还应承担相应的法律责任。

## 4、各部门科室升格及其条件

部门科室的升格不是要把部门科室升级，部门科室本身不存在升降之分，只能以其完成的目标任务为参照加以区分。以完成目标任务为界，超额完成目标任务视为升格。

部门的目标任务包括两个层面，一是可以量化的生产经营任务，二是不可量化或难以准确量化的部门管理工作。可以量化的生产经营任务，必要量化考核；难以量化的部门管理工作尽量量化考核；不能量化的部门管理工作，就结合失格、破格程度加以量化考核。这样，各环节的工作都得以量化考核了，那么部门科室的升格就成为可以控制的量化指标。

部门科室升格量化考核统计表（月度）

年　月　日

| 部门名称 | 基本任务量化指标 | | | 失格、破格指标 | | | 备注 |
|---|---|---|---|---|---|---|---|
| | 计划量 | 实际量 | 超额率% | 失格（次） | 破格损失（元） | 减少率% | |
| | | | | | | | |
| | | | | | | | |
| | | | | | | | |

此表可以进一步分解落实到班组及员工个人，量化考核管理模式是最有效、最公平的管理模式。既可避免管理盲从，又可明确管理责任，使执

行者心里有数，不至于产生抵触情绪而形成负面影响。

## 5、各部门科室与创格

部门科室的创格是指在部门科室组织下，或者部门员工自觉实施的创新、研发行为，并取得实绩。包括管理手段改进与创新、工艺改进、新产品研发等。

部门科室的创格要形成激励机制，要在精神上、物质上、薪酬上、职位上等得以具体体现，并形成良性的竞争氛围。把创新、研发纳入企业对部门科室年终综合评比，并给予优秀部门激励经费，激发部门的团队精神。

### 部门科室创格量化考核统计表（年度）
### 年　月　日

| 部门科室名称 | 管理手段改进创新 | | | 工艺改进、新产品研发 | | |
|---|---|---|---|---|---|---|
| | 项目 | 直接效益 | 间接效益 | 项目 | 直接效益 | 间接效益 |
| | | | | | | |
| | | | | | | |
| | | | | | | |
| | | | | | | |

企业创新、研发的激励以财务核算或综合评估的净收益为依据，即扣除研发费用后的净收益的一定比例，或一次性给予合理的奖励。

# 第三节　员工素质与五格

　　企业员工是企业成功与否，或成败与否最直接、最核心的要素，即便企业进入智能时代，智能设备还是通过人来实施的。因此，用什么样的员工便成为企业首选的问题。而判断员工的优劣，除了必要的一技之长外，自然就是通过员工素质来考察，素质越高，员工就越优秀。五格理念就是锻造员工素质的最好手段，员工五格格局越大，素质自然越高，为企业做出的贡献就会越大。

　　前面我们在人生（事业）格局之五格和五格与成长、五格与教育中已经详细谈了如何构建最大的人生格局，这些都是提升人的素质的普适性要求。下面我们再具体到企业内部，进一步阐明如何通过五格理念来提升员工素质。

**员工素质五格**

| 立格<br>（立个人成长之格，立企业各项规章制度） | 创格<br>（创新、研发） |
|---|---|
|  | 升格<br>（升职、升级） |
| 守格<br>（遵守立格规范，避免或减少失格） | 破格<br>（积极为升格、创格而破格） |

　　企业员工有了五格理念，员工素质提升最大化，不仅个人的人生（事业）得到充分的发展，自然也能使企业各环节的效益最大化。

## 1、落实各级员工素质立格

　　企业员工素质立格，包括个人成长之格、企业的各项规章制度、个人岗位责任制、个人业务规范与法律法规等。

个人成长之格，这在员工入职前就应养成，如果尚未养成，那么需要在入职后学习了解，使之尽快成为具有五格理念之人才。企业在招牌用工时，如能对照五格理念考察，具有与五格成长理念思想相近的员工，则可以成为优先录取对象。

企业的各项规章制度，是企业对全体员工的基本要求，是全体员工都需要共同遵守的规范。这些制度如作息考勤制度、公共场所管理制度、安全管理规范、全员规范手册等。企业的规章制度应粗细兼具。

个人岗位责任制，是针对不同部门、不同环节每个不同的岗位制定的规范要求。同一岗位由多人坚守，则该岗位责任制为本岗位员工共同遵守的制度。岗位责任制应简洁明了。

个人业务规范，是员工需要具体完成的业务要求，应突出工作节点，时效要求，内容任务等具体事项。个人业务规范务必详尽、明确。

个人业务与法律法规，是指每个员工从事的业务，凡涉及法律法规的，必须单独作为制度加以约束，并结合违法违规情节严重程度制定相应的处罚措施。个人业务与法律法规主要以法律法规为准绳订立约束。

员工素质立格的五个方面

| | |
|---|---|
| 成长五格 | 个人业务与国家法律法规 |
| 企业共同遵守的规章制度 | 个人业务规范 |
| | 个人岗位责任制 |

上面立格的五个方面都要形成具体的文字内容，或上墙展示，或形成正式文件，或编印成管理手册等，方便时常查阅加强印记。

## 2、教育各级员工守格

完成员工素质立格之后，接下来是教育、引导员工严格遵守既定的立格内容，不能使立格成为摆设。守格的程度与好坏，是通过检查考核失格项来评判分析的。并通过失格项评判达到两个目的，一是纠正员工素质偏差，减少失格，避免可能造成损失的破格；二是纠正立格偏差，修订、增补完善立格项，使之成为新的立格内容。

员工守格，首先是自觉遵守立格规范，可以通过建立守格自查表来警示自己；自觉守格也是判断员工素质优劣的条件之一，失格越少越佳。其次是本部门科室或企业组织定期与不定期检查学习，收集失格信息，对照整改或处理。

员工守格，必须重视失格，严防不能打破之格。失格轻则影响工作质量与进度，重则造成一定的经营管理损失。尤其要重视坚守永远不能打破之格，此格一旦打破，轻者免职降级，重则离职下岗，甚至承担应有的法律责任，更甚者则会导致生命危险。这也是守格的最后目的。

### 员工素质守格自查表
### 年　　月

| 年月日 | 失格项 | | | 破格项 | | |
|---|---|---|---|---|---|---|
| | 项目 | 失格原因 | 影响或损失 | 项目 | 破格原因 | 影响或损失 |
| | | | | | | |
| | | | | | | |
| | | | | | | |

在企业中，员工的失格项通常表现为违反作息考勤、违反公共管理规范、违反规章制度、未按时完成工作任务、工作质量或产品质量不达标、造成一定的经营管理损失、造成部门科室或企业负面影响等。

在守格中考察破格，是为了更好的守格。员工的破格项包括两个方面，一是给企业造成较大生产经营管理损失的破格项，这是要避免的，主要包括重大管理安全事故、重大工艺及产品质量事故、违法责任等；二是员工为升格而破格，这是需要鼓励的。

### 3、考察各级员工破格

前面守格中已经提到员工破格的两个基本方面，一是给企业造成较大生产经营管理损失的破格项，主要包括重大管理安全事故、重大工艺及产品质量事故、违法责任等这是守格需要避免的；二是员工为升格而破格，主要包括为优化管理手段、改进工艺技术、研发新产品等而破格，这是升格需要提倡的。前者的结果是给企业造成了较大损失，后者的结果是为企业带来了经济效益。

给企业造成较大生产经营损失的破格，视其情节轻重给予处罚，包括赔付损失、一定比例的罚款、降级降职、解聘、移送司法机关等。

### 员工破格损失登记表
#### 年　月　日

| 时间 | 事项 | 安全事故损失（元） | 质量事故损失（元） | 违法责任 | 处理结果 |
|------|------|------------------|------------------|----------|----------|
|      |      |                  |                  |          |          |
|      |      |                  |                  |          |          |
|      |      |                  |                  |          |          |
|      |      |                  |                  |          |          |

给企业带来经济效益的破格，视其经济价值和社会价值的大小给予激励，包括奖励一定比例的提成、加薪、升级升职等。

### 员工破格创收登记表
#### 年　月　日

| 时间 | 事项 | 优化管理（元） | 改进工艺（元） | 研发新品（元） | 激励方式 |
|------|------|--------------|--------------|--------------|----------|
|      |      |              |              |              |          |
|      |      |              |              |              |          |
|      |      |              |              |              |          |
|      |      |              |              |              |          |

## 4、鼓励各级员工升格

前面破格已经讲到，员工破格的目的是为了升格，升是为企业创造了更多更高的价值，同时也使自己得到了提升。因此，必须在企业生产经营管理中大力提倡鼓励员工的升格意识，营造员工积极向上的内在动力，促进企业的健康发展。

全员都有升级意识，充分调动员工的积极性，大家才能比学赶帮。因此，对员工的升级激励不能只流于形式，而要给予实质性的盼头。在员工升级管理中，切忌论资排辈，或搞平均主义，或搞裙带关系，一定要制定明确的量化标准，按贡献和作用大小而定。

鼓励员工升级最有效的手段就是提成、加薪、升级升职、给予股份等，具体采用哪种激励方式，则需结合企业和岗位实际情况而定，选择最有效的方案。

员工升格激励登记表
年    月    日

| 时间 | 事项 | 提成（元） | 加薪（元） | 升职升级 | 股权激励 |
|---|---|---|---|---|---|
|  |  |  |  |  |  |
|  |  |  |  |  |  |
|  |  |  |  |  |  |
|  |  |  |  |  |  |

## 5、奖励各级员工创格

创格是员工主动破格的最高体现，创格的目的是确保企业持续的竞争力，实现企业价值的最大化。鼓励员工创格，大力奖励创格，使创格成为员工的最高荣誉。

对于创格成果的奖励，则需参照升格，结合收益的大小而定。创格贡献突出，达到推动企业升级，或获取巨额收益的，应当给予与其创格价值相匹配的奖励。

员工创格创收登记表
年    月    日

| 时间 | 事项 | 优化管理（元） | 改进工艺（元） | 研发新品（元） | 奖励方式 |
|---|---|---|---|---|---|
|  |  |  |  |  |  |
|  |  |  |  |  |  |
|  |  |  |  |  |  |
|  |  |  |  |  |  |

### 员工创格奖励登记表
### 年 月 日

| 时间 | 事项 | 提成（元） | 加薪（元） | 升职升级 | 股权激励 |
|---|---|---|---|---|---|
|  |  |  |  |  |  |
|  |  |  |  |  |  |
|  |  |  |  |  |  |
|  |  |  |  |  |  |

企业如果没有形成明确的员工升格与创格奖励制度，那么企业的激励机制是不健全的，员工的创新能力必然淡漠。企业不能有效激发出员工的升格与创格潜力，企业实质上是浪费了人才资源。

因此，员工素质的好坏，一方面是进入企业前的个人修为导致，另一方面，进入企业后，则是企业人才管理所决定的。在企业管理中，继续通过五格理念要求与激发员工，企业必然成就一批高素质的人才队伍。

# 第四节　企业发展与五格

　　追求向善、向上、向利的五格理念是企业健康发展的重要保证，将五格理念融入企业的各个层面，各个层面都努力追求向善、向上、向利并实现价值的最大化，那么企业的整体利益必然实现价值的最大化。

企业发展五格

| 立格<br>（促正常发展） | 创格<br>（为更高发展） |
|---|---|
| | 升格<br>（向更快发展） |
| 守格<br>（保健康发展） | 破格<br>（促持续发展） |

　　五格意识不强，立格得不到完善，企业就会漏洞百出，轻则造成不同程度的各种损失，重则使企业发展出现倒退局面，影响企业的正常发展。

　　五格意识不强，守格得不到落实，企业管理就会流于形式，管理失去应有的作用，影响企业的健康发展。

　　五格意识不强，不懂得破格的双重性，就不能有效地阻止可能给企业造成损失的破格，或者不能抓住能给企业带来更大利益的机遇，或者会使企业丧失竞争力，影响企业的持续发展。

　　五格意识不强，缺乏升格思想，企业必然缺少势气，工作没有激情，失去前进的动力，影响企业的更快发展。

　　五格意识不强，没有创格的思想，企业必然缺少活力，工作没有斗志，失去持续稳定向上的动力，影响企业的更高发展。

　　因此，五格于企业发展密不可分，对企业的作用也不尽相同。将五格理念融合到企业的发展之中，科学合理立格，思辨地守格，正视并抓住时机破格，制定目标升格，提供条件创格，使企业奔着同一个目标去争取最大的发展。

## 1、是否科学合理立格

考察企业是否科学合理地立格，一是看企业整体立格项是否完善，二是看企业各环节立格是否流于形式，三是看立格内容是否具有执行度，四是看是否抓住各环节的重点，五是看各环节立格内容是否存在矛盾冲突。

企业立格科学性测评表

| 考察点 | 完整性 | 形式化 | 执行度 | 重要项 | 冲突项 |
|---|---|---|---|---|---|
| 设定分值 | 20 | 20 | 20 | 20 | 20 |
| 实际分值 | | | | | |

完整性每缺一项扣一分，形式化每一部门科室扣一分，执行度每一项扣一分，重要项每一项扣一分，冲突项每一项扣一分。总分100分，低于90分则存在明显的不科学性。

## 2、是否守格求变

守格首先是对立格的坚守，然后通过对失格项的考核和弥补使守格得以持续实现。但在企业发展过程中，一些所立之格并非长期一成不变，也需要随着企业发展变化不断完善，否则就不适应企业发展变化的需要。为避免因为立格不适应企业发展变化的需要影响企业的健康发展，就需要我们具有守格求变的思想。

守格求变，是指企业在守格过程中发现的明显不适应生产经营管理需要，或者随着企业的发展变化，原来所立之格已不再适应新的需要的立格项，或者发现应立而未立之项，如果盲目执行，可能给企业造成损失或负面影响，应该及时修订完善。

企业守格变化情况表

| 考察点 | 不适应减项 | 遗漏完善增项 | 变化发展增项 |
|---|---|---|---|
| 项目名称 | | | |
| 完善时间 | | | |

这些不适应项和增补完善项可能会在执行某项业务时产生，也可能是通过失格考核中发现，还可以是企业定期或不定期的生产经营总结中出现。总之，无论在什么环节、什么时间、什么人物、什么事件、什么原因中产生或发现，都应及时进行以点带面的分析判断并加以完善，方可避免类似情况重复出现。

### 3、抓住主动破格的时机

企业发展中的破格是为促企业持续发展，产量稳步增加、产品质量提升、产业升级换代等都是企业持续发展的需要。因此，在企业生产经营过程中，各环节都不能存在按部就班的固化思维，要有通过破格实现升格和创格的向上思想。

破格不是等来的被动破格，是创造条件主动破格，是机会出现时及时主动地抓住机会破格。这里，创造条件破格是永恒的主题。在日常管理中具有了主动破格的思想，并有意识，有目标地制定破格的可行性方案，那么，主动破格就会成为必然。

企业破格目标意向表

年　　月

| 具体项目项目 | 数量比计划增加 | | 质量比计划提升 | | 产业升级 | |
|---|---|---|---|---|---|---|
| | 数量 | 占比 | 合格率 | 废品率 | 新品增收 | 占比 |
| | | | | | | |
| | | | | | | |
| | | | | | | |

破格目标意向为企业整体规划，破格中有了这样的思想，才会在升格和创格中分解制定具体方案落实。

### 4、制定升格的目标

企业发展中，破格的目的是为了升格和创格，升格是为了企业更快的发展。有了升格的认识，还需要制定目标和具体方案，并使之转化为现实的结果。前面讲到，升格包括量的增加、质量的提升和产业升级等方面，那么在具体落实中有哪些考量呢？

量的增加，前提是要结合生产经营规模、人财物等资源配置和市场占有率，制定合理的基本任务量，在此基础上制定增量加以考核。

质量的提升，前提是以现有设备设施和各环节技术能力为前提，测定基本的质量水平，包括合格率、废品率等，以此为基础制定合理的提升率并加以考核。当然，设备设施和技术能力的升级，更是提高质量的重要手段。

产业的升级，这是企业长期的战略思想，是通过对现有各种因素的充分判断后的重大决策，是确保企业长期持续向上的根本保障。产业的升级以新品研发、设备设施升级等为前提，因此，这就需要在升格中同时具有创格的思想。

### 企业升格目标考评表
#### 年　月

| 具体项目 项目 | 数量比计划增加 | | 质量比计划提升 | | 产业升级 | |
|---|---|---|---|---|---|---|
| | 计划 | 实际 | 计划 | 实际 | 计划 | 实际 |
| | | | | | | |
| | | | | | | |
| | | | | | | |

本考评表针对不同的部门科室和业务人员加以具体分解落实。

## 5、创格需要条件

在企业发展中，创格是为了企业更高的发展，创格主要表现为产品的创新和升级换代。创格是企业增强市场竞争能力，使企业立于不败之地的根本保障。创格是需要条件的，这些条件主要包括，企业健全的激励机制，企业自身在市场环境中的主客观因素，企业领导敏锐的决策能力等。

前面讲到，企业内部的激励机制可以通过五格理念加以建立健全，正确的激励机制会促成企业内部的良好的创新风气。有创新，不管是创新管理手段，还是研发新产品，都会增强企业的竞争能力。

企业在市场环境中的主客观因素要满足创新的需要，包括提前预知企业盈利能力的变化并作出相应的调整，提前预知产品乃至产业的升级并抓住机遇，提前预知产能的降低与淘汰采取措施等。

　　企业领导敏锐的决策能力则是由企业领导自身格局决定的，充分运用五格理念实现个人格局最大化的领导，自然有能力抢得市场的先机，并抓住机遇实现创格的根本目标。

实现企业创格的五大要件

| 健全的激励机制<br>（基础意识） | 领导敏锐决策能力<br>（决策意识） |
|---|---|
| | 预知产能降低与淘汰<br>（风险意识） |
| 预知企业盈利能力<br>（保障意识） | 预知产品产业升级<br>（发展意识） |

# 第五节　企业的格局

前面讲了企业架构与五格、企业各环节与五格、企业员工素质与五格和企业发展与五格，这四个方面都是影响或决定企业整体格局的具体因素，这些方面发生大的偏差，就会影响企业的盈利能力和发展速度，影响整个企业格局的大小。

企业的盈利能力越强，企业速度发展越快，企业的格局自然越大。企业的架构不合理，各环节没有格局观念，员工格局不大，都会直接影响企业的盈利能力，企业也就难以形成大的发展的格局。而这一切都是由企业的最终决策者决定的。

在现代企业管理中，企业的最终决策者，个人私营或小规模企业几乎都是由老板或聘任的总经理决定的；在大型企业或大的企业集团则是由董事会决定的。不管是个人决策，还是董事会集体决策，事实上的决策者都是影响企业格局的决定者。

## 1、企业最终决策者格局决定企业的格局

企业的最终决策者包括，个体、私营企业主（老板），企业聘任的总经理（企业第一负责人），集团公司总裁（董事长），企业最高决策机构董事会。企业的最终决策者决定企业的格局，那么最终决策者个人格局的大小就直接决定了企业格局的大小。因此，在企业管理中，确定或选择企业的最终决策者就十分关键。除了正常判断选贤用能的标准外，显然，在同等条件下，五格理念越强的人，其个人的格局越大。

企业决策者有了五格理念，管理企业不至于盲从或无所适从，他首先就会思考企业架构与五格，然后在企业各环节构建五格，要求每位员工具备五个素养，最后积极推进企业发展的大格局。

现实生活中，可能不少的企业决策者并不知道五格理念并具有大格

局，成功地带领企业从小到大，从弱到强地快速发展，但是，只要我们用五格理念去对照，他们的个人格局及其带领的企业格局事实上是符合五格理念的。因为他们不自觉中，潜移默化地具备了与五格理念相同或相近的各种元素，因而比别人具有更大的格局。

## 2、积极营造升格与创格的条件

当企业的最终决策者个人具有了大的格局，就应该积极为员工及企业营造升格和创格的条件。为员工营造升格和创格的条件，必然推动企业向更大格局发展；同时，企业最终决策者自身的决策能力也能够通过直接实现企业的升格与创格来推动企业向更大格局发展。

为员工营造升格和创格的条件主要包括，明确的企业发展目标，良好的企业内部竞争氛围，健全的激励制度等。明确的发展目标是通过不同阶段的生产经营和工作计划来实现的，包括月度、季度、年度及短期、中期、长期等阶段性具体计划；良好的企业竞争氛围是通过建立完善不同层级的竞争机制来实现的，包括班组、科室、部门、项目等的具体要求；健全的激励制度包括精神的和物质两个方面，具体到薪酬待遇、提成奖励、职位提升、股权激励等方面来体现。

企业最终决策者自身能力带来企业直接的升格与创格，这是充分权衡对现有企业破格的利弊后得以实现的，需要具有完整五格理念的决策者才能做到。否则，如果条件和时机不成熟而盲目为升格和创格而破格，轻则造成不同程度的有限损失，重则可能招致企业出局。

### 企业最终决策者格局检测表

| 检测项 | 企业立格 | 企业守格 | 企业破格 | 企业升格 | 企业创格 |
|---|---|---|---|---|---|
| 预设分值 | 20 | 20 | 20 | 20 | 20 |
| 实际分值 | | | | | |

五格任缺一项均可视为缺少格局，缺乏正确的决策能力。在企业整个管理体系中，五格内部任意环节任意一小项给企业造成负面影响或直接经济损失扣1分，低于80分则视为格局不大，难以给企业带来最大的发展格局。

总之，企业格局的大小是由企业最终决策者决定的，一个企业有没有发展格局，能不能构建最大的格局，就看最终决策者的格局，与各部门、各环节的管理者或员工没有直接关系。

# 第九章 ◎ 五格与文艺

文化艺术都是按照一定的格式规范要求来表现的，每一种文艺，一旦形成，都有他自己独立的格式规范要求，离开这些格式规范要求就不再是其艺术本身。另一方面，一种文艺一旦独立存在，其从立格、守格、破格、升格到创格的过程也就完成了，而从事文艺创作的个体只是充分运用或享受这一过程。

比如从文体看，诗歌、散文、小说、书画、剧本等文本艺术，就其体裁的发展演变来看，有从立格、守格、破格、升格到创格的过程；从其创作者来说，也要从不同体裁的内部去立格、守格、破格、升格和创格，在不脱离体裁的前提下，实现文体的审美价值。

再比如说音乐、舞蹈、乐器、曲艺、戏剧等舞台（影视）表演艺术，就其不同的形式都有从立格、守格、破格、升格到创格的要求；从事其艺术表现的个体也相应地有立格、守格、破格、升格到创格的需要，否则就不是其艺术形式本身。

那么，文艺与五格到底是一个怎样的联系呢？简单地讲，立格就是创立产生的过程，守格就是坚持按照这一艺术形式去表现，破格就是为了更高的艺术升华与创新，升格是艺术内容的升华，创格是艺术内容的创新。立格、守格为艺术形式服务，升格、创格为艺术内容服务，而破格则是链接形式与内容的纽带。这里的破格就不是打破艺术形式，是守中求变求新。

**文艺与五格**

| 立格<br>（确立体<br>裁形式） | 创格<br>（创新） |
|---|---|
| | 升格<br>（求美） |
| 守格<br>（运用体<br>裁固本） | 破格<br>（求变） |

文艺体裁形式的产生是为了满足不同人的精神食粮的需要，从其形式看，是人类的聪明才智与时代发展紧密相关的；从其内容看，是随着人的审美追求不断提升的。形式本身具有排他性，不能打破；而表现形式的内容则是有共生性的，即同一内容可以用不同的艺术形式来表现。因此，我们能充分运用文艺五格满足并丰富人的精神食粮。

# 第一节　艺术与五格

文化与艺术往往是并立的，艺术是文化的一种形式，艺术本身也包含文化，因此，艺术与五格即是文艺与五格。艺术从立格、守格、破格、升格到创格的过程，构成艺术的格局。

**艺术的格局**

| | |
|---|---|
| 立格<br>(确立艺术形式) | 创格<br>(创新) |
| | 升格<br>(求美) |
| 守格<br>(运用艺术形式) | 破格<br>(求变) |

### 1、离开格的规范，艺术就不称其为艺术

任何一种艺术完全离开格的规范就不称其为该艺术本身，或转化为别的形式，或什么艺术都谈不上。艺术的审美是以格为前提，以五格为要素的，离开格的规范，也无从谈艺术的审美，或艺术审美不完善。

在艺术形式一定的前提下，有了五格理念，我们就可从五个方面来对艺术进行审美，并据此评判艺术的优劣。不同的艺术形式有其不同的评价标准，但都可结合五格理念进行评价，并可使其评价更公允，减少并避免艺术评价偏差。

在艺术培养时，我们自然首先是学习艺术立格，掌握该门艺术形式规范具体要求，然后是熟练运用该艺术形式表现艺术内容。然后是创作艺术内容，并在创作中求变求美求新，使艺术内容得以升华，达到感染人的艺

术魅力。

## 2、任何艺术形式都符合五格原理

任何艺术形式都符合五格原理，都有从立格、守格、破格、升格到创格的需要。在艺术形式本身形成前的创立过程，本身就是立格的过程，并在发展应用过程中，不断丰富完善并最终定格，形成固有的艺术形式。在按照艺术形式创作过程中，首先是坚持该艺术形式风格，然后从形式到内容的守格求变的破格，并通过升格和创格实现其艺术升华。

任何艺术形式如果没有自己独特的立格就不是该艺术本身，艺术创作如果不符合该艺术形式就不是该艺术本身，任何艺术形式与内容不守格求变就会单调乏味，艺术内容没有美感、得不到升华与创新就显得枯燥无味，难以或无法满足社会与时代的需要。

因此，任何艺术形式的破格都是守格求变，任何艺术内容的破格都需要守格求美、求新。求变、求美、求新是艺术破格存续发展的客观需要。

## 3、艺术格局的根本是满足人们对真、善、美的最高追求

在人类社会中，任何得以传承发展的艺术形式都是为了满足人们的精神生活的需要，艺术格局的根本都是满足人们对真、善、美的最高追求。

任何假、恶、丑的形式都进不了艺术形式范畴，只要人处于健康心理，社会处于健康状态，那些假、恶、丑的形式就不会有其公开生存的空间。相应地，任何假、恶、丑的内容，不管在什么时代，也都是被人唾弃的。

任何健康的艺术形式都是对美的追求，然而，艺术形式本身并不能彻底拒绝假、恶、丑的内容，一些别有用心的人，或者一些哗众取宠的人，或者一些格局不大、艺术修养不高的人，也会利用美的艺术形式去彰显假、恶、丑的东西。群众的眼睛是雪亮的，他们自然会成为过街老鼠！

任何艺术也都是以人为中心的艺术，人始终是艺术的主宰者，因此，人的格局决定了艺术格局。要使艺术的格局最大化，我们自己的格局首先必须最大化。

### 艺术格局考察分析表

| 考评指标 | 立格<br>（规范） | 守格<br>（固本） | 破格<br>（求变） | 升格<br>（求美） | 创格<br>（求新） |
|---|---|---|---|---|---|
| 预设分值 | 20 | 20 | 20 | 20 | 20 |
| 实际分值 | | | | | |

低于60分，说明已偏离该艺术要求；低于80分，说明艺术格局不大。

# 第二节　格与书法

中国书法是伴随着文字的产生，书写工具和书写方式的发展变化而形成的，并出现了不同的书体。书法作为艺术定型，是伴随字体的变化而存在的，从而形成了今天的篆、隶、楷、行、草五大具体类别的字体。

五格理念具体到书法艺术来看，每一种字体的出现都经历了立格、守格、破格、升格和创格的过程。立格和守格确立了该字体而非他体，破格既是字体本身变化的需要，也是字体发展的需要；升格与创格则是破格后对艺术美的更高追求。

对于学习书法来说，当字体独立存在，每种字体的立格已经客观存在，守格就是要按照字体立格要求去遵照执行。破格是在守中求变，避免呆板。升格与创格则是求美求新，并形成自己的书写风格。

据此，我们也就能通过五格理念来考察一个人的书写水平或书法成就了。现实书法学习中，一些人连不同书体的立格都没有掌握，形式还没有学到家，便开始追求自以为是变化与创新了，最终的结果一些人便滑入以丑为美的地步。也有一些人本来掌握了字体立格规范，具有较高的书写功底，却为了哗众取宠，标新立异，硬生生地以丑为美，这两类行为都是背离艺术格局的不良行为。

书法的格局

| 立格<br>（笔法、结构、<br>谋篇） | 创格<br>（求新） |
| | 升格<br>（求美） |
| 守格<br>（固本） | 破格<br>（求变） |

### 1、一种书体就有一套格的体系

从篆书、隶书、楷书、行书和草书五种主要字体来看，每一种字体都有一套独立的格的体系，而且都具有独特性。就其书写字体的书家来说，同一种字体可能存在不同的差异，但这些差异万变不离其宗，都必须符合该种字体的立格规范。书家对一种字体形式的坚守，就是守书体之格，其个人风格的变化则是破格求美求新，即通过升格、创格形成自己的风格。

比如我们以楷书为例，楷书是承接隶书发展而来的，时代始于汉末，通行于现代。从立格来看，首先是整体架构直观感觉，"形体方正，笔画平直"；然后是各种笔画的规范标准；最后是字体结构标准，这三方面的完整统一，形成楷书的立格规范。书家书写的字体遵守这些规范标准，那就是守格。在守格的基础上，不同的书家又破格求变，求美求新，形成公认的个体风格，完成升格与创格。从而又产生了魏晋一些书家的碑体，羲之体，到唐代形成欧体、颜体、柳体等广为推崇的字体，具有欧方、颜筋、柳骨的鲜明特点的典型字体风格。后世的一些书家也有形成自己鲜明风格的，如赵体、米芾体、瘦金体等就不再赘述。

### 2、书体的演变就是破格与发展

中国书体的演变可以追溯到中华民族创造文字开始，这种演变包括文字自身的发展变化与书写工具的与时俱进的变化融为一体。文字产生的最初目的是人与人之间、人与社会之间生存发展交流需要，只有当文字逐渐成为人们精神生活对美的追求时，书体便开始上升为书法艺术，并不断地丰富与发展。

最初的文字为象形文字，可以在地面的沙土山石乃至树干枝叶兽骨上面书写，使用的书写工具可以是坚硬的各种物体。当书写工具发展到出现毛笔，中国的书法开始作为艺术形态而诞生，以秦朝统一文字为标志，字体与书法艺术便紧密相连。

假如我们把秦朝统一使用的小篆作为书法艺术立格定型的开始，到汉代破格发展产生隶书，再承接隶书破格而产生楷书，随之承接楷书破格而产生行书。草书则是其间主要从隶书演变而来，打破隶书的规矩草成，称为章草；到了晋代发展为新体草书，称为今草。也就是说，除篆书外，隶书、楷书、行书和草书这四大书体都是在汉代产生的，各种书体都形成了独立的书写格局。后世，直到今天，都是围绕这五大书体追求立格、守格基础上的局部破格求变、升格求美、创格求新，而没有新的书体诞生。

## 3、不同书体与五格

### 篆书与五格

篆书的种类，包括甲骨文、金文、大篆、小篆，到秦统一为小篆，亦称秦篆。下面主要以小篆为例来谈谈篆书与五格。

立格要求：用笔，中锋用笔，指实掌虚，尚婉而通；笔法，瘦劲挺拔，直线多，起笔有方笔、圆笔，也有尖笔，收笔"悬针"多。结构，从小篆看，体势修长，讲究对称，笔画均匀，起收不露痕迹。

破格求变：笔法的圆笔与方笔之分，小篆发展到清代，线条变粗，而且突破笔画粗细、迟速、顿挫、轻重、方圆的变化等。小篆的另一个分支为汉篆，用笔上融合方折的隶意；入印的篆书更为方折，又称为印篆。

升格求美，创格求新则是谋篇的艺术要求，是破格的根本目的，从艺术形态看，避免了秦篆的呆板和单一。

### 篆书与五格

| 篆书立格<br>（笔法、结构、谋篇） | 篆书创格<br>（求新） |
|---|---|
| | 篆书升格<br>（求美） |
| 篆书守格<br>（守篆书立格艺术规范） | 篆书破格<br>（求变） |

### 隶书与五格

隶书的种类，包括秦隶（亦称古隶）、汉隶（亦称今隶）等，由篆书发展而来。下面简谈隶书与五格。

立格要求：用笔，方圆并用。笔法，线条由篆书委婉的弧笔变为险峻的直笔，曲折处由篆书的连绵圆转变为转折的方笔；横画长而直画短，起笔蚕头收笔燕尾，讲究"蚕头燕尾"、"一波三折"，"蚕无二色，燕不双飞"；点有中点、上点、左点、右点和横点的不同；捺与长横的写法相似，撇的写法与写左下挑相同。结构，隶书是篆书的化繁为简，化圆为方，化弧为直；字形尚扁方，笔画收缩纵向笔势而强化横向分展。

破格求变：破篆书笔画之繁，求隶书变化之简，满足社会生活发展的需要。秦隶是对小篆的一次根本性破格，汉隶是对秦隶的求美求新的破格，后世在汉隶基础上不断有求美求新的追求。

升格求美，创格求新则是谋篇的艺术要求，是破格的根本目的，从艺术形态看，避免了篆书的呆板和繁琐。

**隶书与五格**

| 隶书立格<br>（笔法、结构、谋篇） | 隶书创格<br>（求新） |
| --- | --- |
| | 隶书升格<br>（求美） |
| 隶书守格<br>（守隶书立格艺术规范） | 隶书破格<br>（求变） |

### 楷书与五格

楷书的种类，楷书"形体方正，笔画平直，可作楷模"，故名楷书。包括小楷（1–3厘米）、中楷（4–5厘米）、大楷（5厘米以上），由隶书发展而来。从书写工具看，有毛笔字体、钢笔字体、印刷字体、电脑字体等。下面简谈楷书与五格。

立格要求：用笔，方圆结合；起笔时利用折锋过渡到中锋行笔，形成了方笔，其特点是俊利挺拔，斩钉折铁。如欧阳询的书法就以方笔为主；圆笔即笔画起笔处和运笔中呈圆形，藏锋逆入回收，转以成圆，行笔裹锋，速度略慢。笔法，不同书家字体笔法各有特点。结构，紧扣汉隶的规矩法度，而追求形体美的进一步发展，汉末、三国时期，汉字的书写逐渐变波、磔而为撇、捺，并形成点、横、竖、撇、捺、提（挑）、折、钩八种基本笔画，使结构上更趋严整。章法，字距与行距大多基本相等，但也有行距大于字距的，主要自右至左竖写。

破格求变：破隶书笔画之单一，横平竖直，更趋简化。楷书是对隶书的一次根本性破格，是求美求新的破格，从书家成就看，公认的有欧体（欧阳询）、颜体（颜真卿）、柳体（柳公权）、赵体（赵孟頫）四大家。

升格求美，创格求新则是谋篇的艺术要求，是破格的根本目的，从艺术形态看，避免了篆、隶的呆板和繁琐。

在破格求变、升格求美、创格求新的发展过程中，楷书成为生产生活中最主要的书写字体。伴随着硬笔书写工具的产生与发展，钢笔的广泛应用，钢笔书写成为主角，形成了一套完整的钢笔楷书立格规范。讲究用笔，笔画有提顿、藏露、方圆、快慢等用笔方法；笔画分明，每一个笔画的起笔和收笔都要交代清楚，工整规范，干净利落，不能潦草、粘连；结构方整，在结构上强调笔画和部首均衡分布、重心平稳、比例适当、字形端正、合乎规范。

**楷书与五格**

| 楷书立格<br>（笔法、结构、<br>谋篇） | 楷书创格<br>（求新） |
|---|---|
| | 楷书升格<br>（求美） |
| 楷书守格<br>（守楷书立格<br>艺术规范） | 楷书破格<br>（求变） |

**行书与五格**

行书的种类，包括行楷和行草，是在楷书的基础上发展而来，介于楷书、草书之间的一种字体，是为了弥补楷书的书写速度太慢和草书的难于辨认而产生的。下面简谈行书与五格。

立格要求：用笔，多用圆笔；笔法，点画露锋入纸，攲侧代替平整，笔画以简代繁，勾、挑、牵丝呼应，圆转代替方折。结构，大小相间，收放结合，疏密得体，浓淡相融；字形理法通达、笔力遒劲、姿态优美，力求线条美、结体美、章法美。

破格求变：破楷书笔画之呆繁，求行书变化之简约，满足社会生活发展的需要。行书近楷则为行楷，行书近草则为行草，行书是对楷书和草书的求美求新的破格，后世不同书家求美求新，不断追求自己的书写风格。

升格求美，创格求新则是谋篇的艺术要求，是破格的根本目的，从艺术形态看，既避免了楷书的呆板和繁琐，又避免了草书的难以辨识。

自古以来，行书大家纷呈，以东晋王羲之的《兰亭序》为代表，唐代的颜真卿，宋代的苏、黄、米、蔡四大家，明代的祝允明、文徵明、董其昌、王铎，清代的刘墉、何绍基，近现代的于右任、启功等，都擅长行书或行草，有不少作品传世。

**行书与五格**

| 行书立格<br>（笔法、结构、谋篇） | 行书创格<br>（求新） |
|---|---|
| | 行书升格<br>（求美） |
| 行书守格<br>（守行书立格艺术规范） | 行书破格<br>（求变） |

**草书与五格**

草书的种类，包括章草（汉代的草书）、今草（晋代新体草书），后又分为大草（狂草）和小草，由隶书演变而来。下面简谈草书与五格。

立格要求：用笔，方圆并用、曲中有直，直中有曲。笔法，融魏碑之雄强开阔，于草之流放姿纵；中锋、偏锋、侧锋，露不藏锋；任意铺毫，万毫齐力，纵横使转，字与字之间，行与行之间映带连属，顾盼多姿，或笔笔连级，或笔断意连，所以草书又称为一笔书。结构，"以势带形"、化线为点、疏密互补、结构天成；气势贯通，错综变化，虚实相生，大小、长短、欹正，随笔所至，自然贯注。

破格求变：破隶书笔画之繁，求草书变化之简，满足社会生活发展的需要。章草是对隶书的一次根本性破格，今草是对章草的求美求新的破格，后世在今草基础上不断有求美求新的追求。

升格求美，创格求新则是谋篇的艺术要求，是破格的根本目的，从艺术形态看，避免了隶书的呆板和繁琐。

草书因其挥洒自如，奔放潇洒，气象万千，为历代书家之喜爱，并成为书法的重要艺术形式传承不断。章草如汉代张芝，三国黄象；今草如东晋王羲之、王献之，南北朝的永智，唐代张旭、怀素、孙过庭，宋代的黄庭坚、米芾，明代祝枝山、王铎，清代的何绍基，近代的于右任等等。

**草书与五格**

| | |
|---|---|
| 草书立格<br>（笔法、结构、谋篇） | 草书创格<br>（求新） |
| | 草书升格<br>（求美） |
| 草书守格<br>（守草书立格艺术规范） | 草书破格<br>（求变） |

## 4、书法是格与人的融合

从不同书体与五格的关系看，不难理解书法是格与人的高度融合。书法因人类生活交流的需要而产生，因人对美的追求而发展变化。一旦书体立格完成，后世书家就得依从立格之规范，在书体规则范围内守格求变，升格求美，创格求新。这一过程中，人与书法的关系，就是围绕五格的天人合一的关系。人若不依格而书，则不得其法；得其法而心手不一，则不能成其体。

因此，学习书法首先要得其法，然后要静其心，心手合一并融于法中，方能书写出符合书体的艺术风格。所以书法既是养心，又是养身的良好技艺。得其法，就是要符合篆、隶、楷、行、草的用笔、笔法和结字、成篇的方法；静其心，就是要在书法学习与创作中凝神定气，意随笔转，心手合一，与笔、墨、纸融为一体，达到忘我的境界。这样呈现在载体上的书法字体才能与书写者气脉相通，方圆、张弛、疏密、变换之美才能随心所欲，使篆、隶、楷入木三分，行与草如行云流水。

学习书法没有捷径，也非朝夕之功，必须日积月累，一种书体一种书体地学习。前人已为我们积累了良好的书写经验，我们尽管拿来自用，只有彻底掌握了前人的技法，方能在此基础上破格求变，升格求美，创格求新，并形成自己的书体风格。

　　要成为融会贯通的书家，当从篆、隶、楷、行、草一一学起；如果只为练好某一种书体，自然也需要恒久的坚持；而要学好行书与草书，后世书家多从学好楷书做起，先静其心，正其身，方能游刃有余。

# 第三节　格与诗歌

诗歌作为人类生活最早的文学体裁，一开始就形成了独特的格的规范，这种格的规范具有排他性，是区别其他文体的一些唯一标志性要素。诗歌作为文学样式的产生与发展同样具有从立格、守格、破格、升格到创格的过程，并在这一过程中保持着它作为诗歌而非其他文体的独特标志。

**诗歌与五格**

| 诗歌立格<br>（规范要素：<br>语言、节奏、<br>字数；押韵、<br>平仄格律） | 诗歌创格<br>（求新） |
| --- | --- |
| | 诗歌升格<br>（求美） |
| 诗歌守格<br>（固本） | 诗歌破格<br>（求变） |

诗歌的立格从语言、字数、节奏、押韵和平仄格律五个要素得以体现，诗歌的守格就是要具有这五个方面的约束，诗歌的破格求变只能打破其非诗性的要素，诗歌的升格求美是追求诗性之美，诗歌的创格求新是在坚守诗歌要素前提下的创新发展。

诗歌立格的要素包含两个方面，一是排他性要素，二是包容性要素。押韵、平仄格律为排他性要素，是诗之为诗的标志，非其他文体所具有；语言、节奏、字数是包容性要素，他们不具有排他性，其他文体也包含，只是各有不同的具体规范要求。对于诗歌来说，语言更凝练而有诗性张力，节奏对称符合音乐性，字数精炼而惜字如金。

诗歌的守格，既要坚守诗之为诗的排他性要素，又要坚守诗歌应有的包容性要素。如果只坚守排他性要素而忽视诗歌的包容性要素，那么只会有诗歌之形而无诗歌之质；如果放弃诗歌的排他性要素而仅仅在意诗歌的包容性要素，那么诗之不为诗歌了。

诗歌的破格应当是守格求变，即在坚守诗歌立格规范要求前提下追求变化。诗歌破格的根本目的应当是升格求美，创格求新，而不是彻底打破诗歌的排他性要素与包容性要素，转化为非诗。打破诗歌的排他性要素而坚守包容性要素，那么诗与歌产生分离，诗歌转化为仅仅具有诗性的文字，或可称为诗而不是诗歌。打破诗歌的包容性要素而坚守排他性要素，那么诗与歌也会产生分离，诗歌转化为仅仅可以歌唱的文字而没有诗性，或称为歌而不是诗歌。

诗歌的升格求美，是在坚守诗歌排他性要素和包容性要素基础上，增加各要素之间的美感，这些美感包括立格五要素营造的音乐美和诗性美。音乐美以韵、律、字数和节奏的有机组合为标志；诗性美以语言的张力、灵动为标志。由此可见，诗歌立格五要素中的押韵、平仄、字数和节奏是为诗歌的音乐美服务的，而语言则是为诗性美服务的。

诗歌的创格求新，也是在不彻底打破诗歌立格各要素前提下，对诗歌立格五要素运用上的创新突破。包括语言新颖，节奏、字数、押韵和平仄的变化运用，或局部破立等。这些要素一经彻底打破，则不是创格求新，而是诗歌文体本质的转化了。

## 1、一种诗体形式就是一套格的体系

### 诗经之立格

| 押韵<br>（押韵，或以语气词代韵） | 节奏<br>（对称与对称破缺） |
| --- | --- |
| | 字数<br>（诗句四字为主，间以其他） |
| 平仄格律<br>（无规定） | 语言<br>（以"赋比兴"表现） |

中国诗歌从《诗经》以来，在2500多年的历史长河中，通过破格演变，创格求新，产生了辞赋、乐府诗、律绝近体诗、宋词、元曲，以及今天的白话新诗（包括格律体新诗、自由新诗等）等诗体形式。每种诗体形式都有其独立的格的体系，都能凸显出当时人们不同精神生活的需要。

《诗经》是中国古代诗歌开端，是最早的一部诗歌总集，收集整理了从西周至春秋时期五百年间的作品集萃，它奠定了诗歌最初立格的排他性要素和包容性要素。这一时期，诗歌还没有产生平仄格律系统，则押韵就是其唯一的排他性特征；而包容性的元素语言、字数、节奏则有明显的规律性特征；二者的有机结合，形成了诗歌的音乐美和诗性美。

尽管当时的诗歌并不以分行的形式呈现，但其字数和节奏的对称，或基本对称，伴之以押韵，形成了强烈的音乐之美感。如果用今天的诗歌分行排列，则在外在形式上已经呈现出整齐式、参差对称式和整齐参差对称复合的基本形态。例举如下：

### 关雎 （整齐式）

关关雎鸠，在河之洲。⋯⋯⋯⋯⋯⋯⋯⋯⋯⋯⋯⋯⋯ 4
窈窕淑女，君子好逑。⋯⋯⋯⋯⋯⋯⋯⋯⋯⋯⋯⋯⋯ 4

参差荇菜，左右流之。⋯⋯⋯⋯⋯⋯⋯⋯⋯⋯⋯⋯⋯ 4
窈窕淑女，寤寐求之。⋯⋯⋯⋯⋯⋯⋯⋯⋯⋯⋯⋯⋯ 4

求之不得，寤寐思服。⋯⋯⋯⋯⋯⋯⋯⋯⋯⋯⋯⋯⋯ 4
悠哉悠哉，辗转反侧。⋯⋯⋯⋯⋯⋯⋯⋯⋯⋯⋯⋯⋯ 4

参差荇菜，左右采之。⋯⋯⋯⋯⋯⋯⋯⋯⋯⋯⋯⋯⋯ 4
窈窕淑女，琴瑟友之。⋯⋯⋯⋯⋯⋯⋯⋯⋯⋯⋯⋯⋯ 4

参差荇菜，左右芼之。⋯⋯⋯⋯⋯⋯⋯⋯⋯⋯⋯⋯⋯ 4
窈窕淑女，钟鼓乐之。⋯⋯⋯⋯⋯⋯⋯⋯⋯⋯⋯⋯⋯ 4

## 木瓜（参差对称式）

投我以木瓜，报之以琼琚。……………………… 4
匪报也，永以为好也。……………………… 3

投我以木桃，报之以琼瑶。……………………… 4
匪报也，永以为好也。……………………… 3

投我以木李，报之以琼玖。……………………… 4
匪报也，永以为好也。……………………… 3

## 《卷耳》（复合式）

采采卷耳，不盈顷筐。……………………… 4
嗟我怀人，寘彼周行。……………………… 4

陟彼崔嵬，我马虺隤。……………………… 4
我姑酌彼金罍，维以不永怀。……………………… 5

陟彼高冈，我马玄黄。……………………… 4
我姑酌彼兕觥，维以不永伤。……………………… 5

陟彼砠矣，我马瘏矣，……………………… 4
我仆痡矣，云何吁矣。……………………… 4

上面仅从《诗经》"风"篇中选了三首诗加以佐证，后面数字代表音步（节奏）数量，诗行音步数量一致，字数相等，表示音步节奏整齐，不一致则形成参差形态。以此分行，可见诗歌的外在形式一开始就有了整齐式、参差对称式和复合式三种基本形式。纵观《诗经》中的篇目，大部分诗句都是以四言为主，间以二言、三言、五言，少有六言以上的诗句，并都形成了节奏的对称关系。偶有诗句字数破格，产生对称破缺，这是求变之破格，而未有彻底打破其立格五要素者。

其他古典诗体形式也可以一以贯之地加以分析，这里不赘述。

## 2、诗体的演变是破格与发展

从诗歌作为满足人类情感需要诞生以来，其形式并不是一层不变的，她和世间任何事物一样都存在破格求变，升格求美，创格求新的发展过程。这种变化与语言文字的逐渐丰富是分不开的。语言文字的丰富与发展又是满足社会物质文明和精神文明发展的需要，社会发展又推动了语言文字的发展，满足人们社会生活的需要。诗体的破格演变，也适应了这些发展变化的需要。所以产生了楚辞、汉赋与乐府诗、近体诗、宋词、元曲和今天的新体诗（格律新诗与自由新诗等）。

楚辞的产生，为屈原首创，结合当时楚地的歌词开创新体。他打破了《诗经》以四言体为主的形式，句式与韵式参差活泼，并运用方言，节奏与韵律独具特色，更易于表达跌宕起伏的复杂情感变化。

乐府诗的出现。汉初设立乐府令，掌宗庙祭祀之乐。到了汉武帝时，立乐府，要求制作雅乐，采集民歌。以五言、七言为主，间以杂言的诗歌形式成为当时的主流，反应丰富多彩社会生活。句式与韵式更加灵活，手法多样，整体看没有固定的模式，单首看则主要遵守了诗歌押韵的排他性要素和包容性要素，其破格仅仅是对其包容性要素的破格求变。

近体诗的繁荣。随着诗与音乐高度结合发展的需要，诗歌不再仅仅是外在节奏和韵律满足唱诵的需要，要求诗歌文字内在音韵节奏与音乐的融合更加紧密协调，融合汉字发音的特点，承接五、七言诗的基础上，产生了平仄格律规范，并逐步定型成为五、七言律诗与绝句，以至于在唐代形成中国近体诗的繁荣景象。这是诗歌伴随音律需要的发展成熟，形成了诗歌的第二个排他性特征，即五、七言平仄格律规范，并将诗歌的五大要素中押韵、平仄、节奏、字数全部固化，仅仅给予语言的自由。

宋词的繁荣。社会的发展，再好的固化模式都难以阻碍新的需要，一切事物的存续发展都有破格求变，求美，求新的终极需求，且永无止境。打破五、七言固化模式的宋词长短句应运而生，于是产生了宋词这一全新的诗体形式。这种破格依然是诗之为诗的包容性要素的部分突破，即节奏、字数的变化；而诗歌的排他性要素押韵与平仄运用和包容性要素中的字数与节奏限制得以承续中发展。宋词相对于近体诗律绝更加灵活多变，而又有可复制唱和的固定词牌模式，使汉语诗歌达到新的繁荣。

元曲的出现，这一时期民族融合突变发展，诗歌不止仅仅满足唱、诵的需要，与戏曲表演形成诗、歌、舞三位一体更加灵活多变的艺术形式的需要更加迫切，于是，对宋词的破格应运而生。这种破格依然以保持诗歌排他性要素为前提，是对包容性要素破格的灵活多变，满足了人们不断增长的精神生活的需要。

唐诗、宋词、元曲共同筑起了中国诗歌的高高丰碑。而到了五四新文化运动，随着白话的兴起，受西方自由文化思潮暴风骤雨般的影响，打破一切旧的传统成为历史发展的必然，诗歌的彻底破格亦不可阻挡，受西方翻译诗体的影响，白话新诗应运而生。白话新诗对古典诗词的破格，可以说是彻底的破格，打破奠定中国诗歌高峰的排他性要素，放弃平仄，排斥押韵；打破诗的包容性要素，打乱节奏，滥用字数，丢失音乐性，仅仅在语言上保持诗性特征。

有破就应有立，然而新诗发展一百年来，依然没有正确立格，致使乱象丛生，派系林立。但逐渐在形成两条泾渭分明的新诗体系，一是坚持诗歌排他性原则的格律体新诗，继承诗歌押韵、节凑对称、字数适当的限制等排他性与包容性要素，这将是继承中发展的具有显著音乐性与诗性特质的中国新诗歌；二是完全放弃诗歌排他性原则，仅仅追求诗性语言要素的自由新诗，这将是弃歌而去的诗文。

不管诗体形式在历史的长河中怎么破格发展，新的诗体形式都不是为了取代以往的旧体形式，是新的形式与旧有形式的共存发展，不同的诗体形式共同推波助澜，汇聚成中国诗歌的汪洋大海！

## 3、不同诗体与五格

前面的论述可知，任何诗体形式都存在立格、守格、破格、升格和创格的过程，当诗歌排他性要素和包容性要素之格没有彻底打破时，诗歌和其他一切艺术形式一样，局部的破格是破格求变，升格求美，创格求新。下面用图示来综观不同诗体与五格。

## 诗经与五格

| | |
|---|---|
| **立格**<br>(押韵，节奏对称与对称破缺，四言句为主间以杂言，语言精炼并采用"赋比兴"手法) | **创格**<br>(句式、韵式、语言、字数的变化求新) |
| | **升格**<br>(语言的变化带来内容的升华求美) |
| **守格**<br>(形式的音乐性、语言的诗性) | **破格**<br>(对称破缺，间以杂言求变) |

《诗经》为中华民族奠定了诗之为诗的基石，成为中华民族生产生活与文化传承最初的艺术表达，揭开了中华民族文化绚丽的篇章！

## 楚辞与五格

| | |
|---|---|
| **立格**<br>(押韵，节奏对称与对称破缺，六、七言句为主间以杂言，起承转合多用语气词，语言精炼并采用"赋比兴"手法) | **创格**<br>(句式、韵式、语言、字数的变化求新) |
| | **升格**<br>(语言的变化带来内容的升华求美) |
| **守格**<br>(独特的形式与语言风格) | **破格**<br>(对称破缺，间以杂言求变) |

　　楚辞，因屈原的《离骚》而习惯性称为"骚体"诗，深受民间歌词体的影响，因篇幅长，整体看没有统一定型的格式，除了间用方言押韵外，其内部节奏局部对称性十分明显，按现代诗歌分行，其大体呈现为"复合式"的外在形式特征，就因其独特的艺术形式和语言特征而成为中华诗学宝库的重要组成部分。

**乐府诗与五格**

| | |
|---|---|
| **立格**<br>（押韵，节奏对称与对称破缺，五、七言句为主间以杂言，语言精炼并采用"赋比兴"手法） | **创格**<br>（句式、韵式、语言、字数的变化求新） |
| | **升格**<br>（语言变化带来内容的升华求美） |
| **守格**<br>（形式的音乐性、语言的诗性） | **破格**<br>（对称破缺，间以杂言求变） |

　　汉乐府诗盛行，主要以五、七言诗句间以杂言诗句，用今天的诗句分行排列方式来看，也包括明确的整齐式、参差对称式和复合式三种基本形态，也存在局部的对称破缺。汉乐府诗的盛行，为后世开启五、七言律绝近体诗奠定了基础。

## 唐诗（律绝或近体诗）与五格

| | |
|---|---|
| **立格**<br>(押韵，字词平仄规律，节奏对称，五、七言律绝字数固定，语言精炼并采用"赋比兴"手法) | **创格**<br>(语言变化带来的内容求新) |
| | **升格**<br>(语言变化带来内容的升华求美) |
| **守格**<br>(形式的音乐性、语言的诗性) | **破格**<br>(失格与出律) |

  近体诗就四中固化的格律形式，即五律、五绝、七律、七绝四种，每种都有明确的格律体系。

## 宋词与五格

| | |
|---|---|
| **立格**<br>(押韵，字词平仄规律，节奏对称与对称破缺，杂言为主，不同词牌句式与字数固定，语言精炼并采用"赋比兴"手法) | **创格**<br>(语言变化带来的内容求新) |
| | **升格**<br>(语言变化带来内容的升华求美) |
| **守格**<br>(形式的音乐性、语言的诗性) | **破格**<br>(词牌变化，失格与出律) |

  宋词打破了唐近体的五言、七言整齐固化诗句，增加参差杂言诗句，

但仍承续平仄格律的音乐性，用今天的诗句分行排列看，回到整齐、参差对称和整齐参差复合式的外在形态，其内在结构也存在局部的对称破缺。宋词以一种词牌一个格律固化模式，不同词牌适应不同情感内容表达的需要，形成丰富多样的词牌格律，就像今天的歌曲，一首歌一个曲调的形式。

**元曲与五格**

| | |
|---|---|
| **立格**<br>(押韵，字词平仄规律，节奏对称与对称破缺，杂言为主，不同曲牌句式与字数固定，语言精炼并采用"赋比兴"手法) | **创格**<br>(语言变化带来的内容求新) |
| | **升格**<br>(语言变化带来内容的升华求美) |
| **守格**<br>(形式的音乐性、语言的诗性) | **破格**<br>(曲牌的变化，失格与出律) |

元曲进一步打破宋词的限制，比宋词更加宽泛、灵活。外在形式近似于宋词，一个曲牌一个格律体系，形成丰富多样的曲牌形式。

**自由新诗与五格**

| | |
|---|---|
| **立格**<br>（分行无限制，字数不定，节奏无规律，语言精炼并采用"赋比兴"及现代修辞手法） | **创格**<br>（语言、分行、字数、节奏变化带来的内容求新） |
| | **升格**<br>（语言、分行、字数、节奏变化带来内容的升华求美） |
| **守格**<br>（语言的诗性） | **破格**<br>（一诗一式，式式破格） |

　　这里与其说自由新诗立格，实则仅仅是对现状可能的提炼归纳，尚不构成立格规范。因其已经没有了音乐性特征，因而无法称其为诗歌，仅仅是诗文而已。

**格律新诗与五格**

| | |
|---|---|
| **立格**<br>（押韵，节奏对称与对称破缺，分行与整齐式、参差对称式和复合式，语言精炼并采用"赋比兴"手法） | **创格**<br>（各要素变化带来的形式与内容求新） |
| | **升格**<br>（各要素变化带来内容的升华求美） |
| **守格**<br>（形式的音乐性、语言的诗性） | **破格**<br>（失格与出格） |

　　格律体新诗继承了中国诗歌押韵的排他性要素，又吸收了诗歌包容性要素中的节奏对称性和其他诗性要素，具有显著的音乐性特征和诗性特征，是名副其实的中国新体诗歌。目前虽然已经有了最初的立格规范，仍需在发展中丰富与完善，经受实践的证明与考验，最终完成立格定型，成为共同遵循的新体诗歌规范。

**歌词体与五格**

| | |
|---|---|
| **立格**<br>（押韵，节奏对称与对称破缺，分行与整齐式、参差对称式和复合式，语言直抒胸臆） | **创格**<br>（各要素变化带来的形式与内容求新） |
| | **升格**<br>（各要素变化带来内容的升华求美） |
| **守格**<br>（形式的音乐性、语言的直白性） | **破格**<br>（失格与出格） |

　　在中华数千年的诗歌传统文化中，诗歌主要就是以歌唱的方式来表达情感，因而诗与歌总是附身一体。然而，白话自由新诗产生后，迫使诗与歌分离，诗走向失去音乐性的纯诗文，而歌词则保留其诗歌音乐性的外在形式，包括排他性要素的押韵与包容性要素的节奏对称，语言上几乎完全放逐诗性。当然，这与作词者的文化素养有关，有的歌词也不乏丰富而厚重的诗性色彩。今天，注重诗与歌结合的格律体新诗，就在向着这个方向努力。

### 4、无格不成诗

　　从前面不同时代，不同诗体形式下诗与五格的关系不难看出，无格不成诗，诗必有格，这里指的是诗歌。诗之为诗歌必须同时坚守其作为诗歌的排他性要素和包容性要素的音乐性特征与诗性特征，否则就不具备作为诗歌的文体特征，也无从区别诗歌与其他文体的关系。有了五格理念，我们就可以通过诗歌与五格的关系来明确判定什么是诗歌，什么是诗文，或别的文体了。

下面结合五格理念主要谈谈白话自由新诗的诗歌属性，引出其亟待解决的立格问题。

自白话自由新诗诞生以来，在一百年的发展历程中，除了分行，作为诗歌各要素的立格问题一直未能形成共识。诗界官方、民间、个体、群体，或者学院派，关于什么是诗各执一词，尤其是网络兴起，白话新诗因无立格规范，成了人人可写，人人敢写的文体，导致是诗是文似乎都是各自说了算的局面。今天诗坛占据主流的所谓白话新诗，不管是官办刊物，还是民间刊物，非诗文体大量占据着版面，更别说没有任何约束可以自由发表的网络平台了。这与中华数千年诗歌发展进程完全背道而驰，谁把握了话语权，谁就是法官，主流媒体用表面人人能写白话诗的虚假"繁荣"长期掩盖实质的混乱局面。至今仍有不少人坚称，这种"乱象"就是"繁荣"，是时代的需要，殊不知他们就是要背离优秀的传统诗学文化，以此来凸显自己的先锋性。

用五格理念来审视，白话自由新诗长期处于立格未定就彻底破格的局面，或者说因为没有格，所以才符合部分人随意一格，于是呈现出非诗非文的各自为阵格局。进而又衍生了不同的"好诗"标准，这个标准就是此时的话语权所有者的标准，比如某某大赛的评选标准，某某理论者的自我界定标准等，而非公认的标准而已。白话自由新诗如果解决不了其立格规范问题，作为诗之为诗的要素不能有效确立，其混乱局面必将一直持续下去，给这个时代的诗歌画上"悲哀"的句号，而不是所谓的"繁荣"。

白话自由新诗没有统一规范的立格，就不存在守格，进而也不存在破格求变，升格求美，创格求新的问题。这本身就背离事物存在与发展的客观规律，因而其混乱从理论上讲是混乱的，自然在实践中必然也是混乱的了。那些用虚假"繁荣"来粉饰太平者，只可能占得一时之利而已。

白话自由新诗已伴随历史的进程而产生，也必将在历史发展的进程中最终确立自己的立格规范，也必须构建其排他性要素和包容性要素，沿着守格固本，破格求变，升格求美，创格求新的轨迹完成其历史使命。时代终将寻找到这个进程中各个环节的真正主角。到那时，白话自由诗才能真正成为融入中华诗学文化的新诗体。

## 5、诗格与流派

艺术的流派一般指具有同质化创作的一个群体，或具有显著排他性的艺术风格。作为诗歌而言，不同的诗歌体裁显然就是一个独立的艺术风格，可以称其为一个流派。但是，就其同一种诗歌体裁来看，都应遵循相同的立格规范，这种规范本身不存在流派问题。

不同的诗体形式一旦立格完成，那么这种诗体形式就确立了自己的排他性，是己而非他。所有认同这一体式的作者都必须遵循这一立格形式创作，因而就该种诗体形式本身来说，不存在格律形式的流派问题。但诗歌的内容风格却是千差万别的，而且可能形成区域性的同质化倾向，这时候诗歌流派得以存在，比如过去的田园诗派、边塞诗派、婉约派、豪放派，白话新诗产生后的新月派、朦胧诗派等。

另一方面，在同一时期，不同的诗体形式可以说是一种流派来体现。作为不同体裁的诗派群体，不应视作拉帮结派的贬义范畴，他首先是创作者个体同质化爱好的集聚，认同接受的人越多，群体自然越大，范围就越广。同一体裁的诗派群体，可能是自发的共同追求，也可能是拉帮结派的发展壮大，并最终成为同质化追求的诗派，或壮大成为广泛的群体。诗派能否独立支撑，必须有其客观的排他性条件，只要具备了自身的排他性条件，就可能形成独特的诗派存在。

比如白话新诗产生至今，从诗体形式看，大致形成了白话自由诗，白话格律体新诗，白话散文诗，白话微型诗等。就其旧体诗与白话新诗来说，我们可以称为古典诗派，现代新诗派。

在诗歌的发展进程中，诗派对诗体建设具有不同程度的推动作用，这种作用可能表现为破格求变，升格求美，有时更是一种新的诗体创格求新的诞生。

# 第四节　格与其他文艺

在格与艺术的关系中，前面重点讲了格与书法和格与诗歌的各个层面，充分证明这些艺术形式都具有从立格定型，到守格固本，破格求变，升格求美，创格求新的过程，当然其他艺术形式也不例外。

从已经产生的文本艺术形式看，除了书法、诗歌之外，小说、散文、剧本、故事、论文、公文、绘画、摄影等文本，都可以通过五格理念加以系统梳理。从已经产生的形体和动作艺术看，舞蹈、戏剧、说唱、器乐、武术、体育等，也能够通过五格理念寻找答案。

因此，五格理念包含一切艺术及其艺术内部的不同层面，只要我们仔细加以考察，为我们探索不同艺术的真谛提供了有力的解决方案，也能在科学的教学实践中找到对应的教与学的答案。这里不再赘述。

**其他艺术五格原理**

| 立格<br>(定型) | 创格<br>(求新) |
| | 升格<br>(求美) |
| 守格<br>(固本) | 破格<br>(求变) |

# 第十章 ◎ 格与社会主义核心价值观

# 第一节　社会主义核心价值观与五格

**社会主义核心价值观与五格**

| 立格<br>（富强、民主、文明、和谐，自由、平等、公正、法治，爱国、敬业、诚信、友善） | 创格<br>（与时俱进地创造新的可持续量化的更大目标） |
|---|---|
| | 升格<br>（与时俱进地提升满足更高的要求） |
| 守格<br>（守国家层面、社会层面、个人层面对应立格之本，修正失格与出格） | 破格<br>（破格只能为升格与创格增补完善立格，避免恶意的外部打破与内部自破） |

## 1、社会主义核心价值观是国家高度的立格

**社会主义核心价值观基本内容**

| 国家层面（目标） | 富强、民主、文明、和谐 |
|---|---|
| 社会层面（取向） | 自由、平等、公正、法治 |
| 个人层面（准则） | 爱国、敬业、诚信、友善 |

　　社会主义核心价值观是党的"十八大"提出的，自然是站在国家高度的立格。富强、民主、文明、和谐是国家层面的价值目标，自由、平等、公正、法治是社会层面的价值取向，爱国、敬业、诚信、友善是公民个人层面的价值准则。

　　国家治理的根本目标是立格的最高目标，是社会层面和个人层面的根本愿望；社会层面的价值取向，既是国家层面的要求，又是个人层面的期

待；个人层面的准则，则是实现社会取向和国家目标的保障。

国家对三个层面的立格，相辅相成，环环相扣，这是从历史的深度和世界的广度中提取的最能推动国家发展，社会进步和满足广大人民群众对美好生活的需要的立格基石，体现了国家高瞻远瞩的战略眼光。

社会主义核心价值观是国家高度立格的总体要求，在社会实践中需要与时俱进地细化与量化，只有这样才能在守格中区分失格与出格，在破格中明白被动破格与主动破格并及时重建立格，在升格中提升满足更高的要求，在创格中实现新的更大的目标。

## 2、社会主义核心价值观需全民守格

由于社会主义核心价值观是国家层面的立格，自然需要国家层面的全面守格，是全社会每个公民的责任与义务。国家层面的立格是依据国家治理目标，社会价值取向，个人行为准则三个层次建立的，三个层次是自上而下和自下而上的关系，但又各有侧重。当个人行为准则发生失格或出格偏差时，除个人自我修正外，社会层面要有监督，国家层面要有治理；当社会层面出现失格或出格偏差时，首先是国家层面要有治理，从个人层面找到根源，进行修复；当国家层面出现失格或出格偏差时，应从国家治理本身找出问题，进行修复。

既然守格是从修复失格或出格偏差中得以实现，那么就应当对立格加以量化考察，建立有效的评估机制，全民参与，全社会监督，使失格与出格得以及时修复，确保社会主义核心价值观不断满足人民对美好生活的需要。

社会主义核心价值观个人层面行为准则守格考察表

| 项目 | 爱国 | 敬业 | 诚信 | 友善 |
|------|------|------|------|------|
| 基本分值 | 25 | 25 | 25 | 25 |
| 失格或出格 | | | | |
| 评估分值 | | | | |

在社会主义核心价值观个人层面四项行为准则中，失格为违反相关行为规范而尚未触犯国家法律法规，出格为触犯国家法律法规。设定每项平均分值25分，失格扣除10分，出格扣除25分。如果我们能建立这样一个测评系统，就能有效观察社会主义核心价值观在个人层面的优劣与否。

这个层面的守格由个人自查修复与通过国家治理层面各环节考察修复加以实现。

**社会主义核心价值观社会层面行为准则守格考察表**

| 项目 | 自由 | 平等 | 公正 | 法制 |
|------|------|------|------|------|
| 基本分值 | 25 | 25 | 25 | 25 |
| 失格或出格 | | | | |
| 评估分值 | | | | |

社会主义核心价值观社会层面四项价值取向，是通过个人感受得以体现的。因而同样表现为失格为违反相关行为规范而尚未触犯国家法律法规，出格为触犯国家法律法规。设定每项平均分值25分，失格扣除10分，出格扣除25分。如果我们能在全社会不同的层面都建立这样一个测评系统，就能有效观察社会主义核心价值观在社会层面的取向偏差。

这个层面的守格是通过社会各环节的修复和通过国家治理层面修复的结合。

**社会主义核心价值观国家层面行为准则守格考察表**

| 项目 | 富强 | 民主 | 文明 | 和谐 |
|------|------|------|------|------|
| 基本分值 | 25 | 25 | 25 | 25 |
| 失格或出格 | | | | |
| 评估分值 | | | | |

社会主义核心价值观国家层面四项追求目标，是通过个人的感知和全社会广泛的认同得以证明的。由于是国家治理设定的关乎社会和个人的理想目标，其失格或出格存在多种因素。除了总体上从四个方面考察外，还需分项量化考察。

判断一个国家富强与否，主要是从经济层面和军事层面加以量化考察，制定具体可实现的量化目标。

判断一个国家民主与否，主要是从国家体制层面得以体现，自上而下与自下而上的良好制度。

判定一个国家文明与否，主要从物质文明和精神文明两个层面考察，从物资的丰富和文化的繁荣中得以体现。

判定一个国家和谐与否，主要从社会治安与民族融合等方面加以体现。

设定每项平均分值25分，失格扣除10分，出格扣除25分。如果我们能在国家层面建立这样一个测评系统，就能有效观察社会主义核心价值观在国家层面的实现程度。

这个层面的守格主要通过国家治理层面得以实现。

### 3、辩证看待社会主义核心价值观的破格

社会主义核心价值观是国家为实现人民对美好生活的向往而立定的，是实现两个"一百年"的奋斗目标，实现中华民族伟大复兴的基石，是道路自信、理论自信、制度自信和文化自信的体现，因而绝不容许被恶意打破。

然而，破格是一切事物的客观存在，社会主义核心价值观也不例外，我们应当警醒为什么破格，在什么情况下破格，是主动破格还是被动破格？这攸关中华民族的前途与命运。因而必须辩证地看待社会主义核心价值观破格的存在，积极主动应对破格，坚定避免不能打破之格；当向善、向上、向利的条件出现时，积极主动破格，与时俱进地达成升格与创格的更大目标。

那么，如何具体把握社会主义核心价值观的破格呢？从大的层面讲，一是与时俱进，主动破格，促进更快实现升格与创格更大的目标；二是避免恶意的外部打破与内部自破。

与时俱进，主动破格，是对现有社会主义核心价值观量化层面的更高要求，满足时代发展的新的需要。时代在发展，伴随国际风云的变换或国家的进步，社会主义核心价值观的各个层面总会有新的或更高的要求，就应不失时机地突破旧有局限，破格量化升格与创格的目标。比如，从"八荣八耻"到"社会主义核心价值观"的确立，就是站在国家高度的与时俱进的破格与新的立格。又比如，当前我们农村脱贫的目标，是现阶段其中一个层面为了升格而量化的破格目标；又如，我们两个"一百年"的目标，是国家层面为了升格而量化的破格目标。再如，我们"一带一路"和"构建人类命运共同体"的目标，则是国家层面为了创格而量化的破格目标。当现有目标实现时，又应该有新的更大的为升格而量化的破格目标，循环往复，最终实现越来越大的创格目标，中华民族就不仅能持续满足对

美好生活的实现，而且定能长期立于不败之地。

恶意的外部打破与内部自破，从历史的角度和现实世界来看也是客观存在的。这种破格，无一例外地存在违背一个国家或内部人民的意志，通过向恶、向下的手段，满足自我或部分人的向利。

人类社会的文明进程发展到今天，不同国家的内部治理都有着追求发展进步，不断满足本国人民美好生活的愿望。然而，文明差异的冲突，民族矛盾的冲突，强权掠夺的存在，霸权者总会见缝插针，往往通过恶意的外部打破与内部自破里应外合，最终满足强权之利，使他国破格成为彻底的破坏，阻碍受害国的发展进程。并造成受害国的人民生命财产的损失，更谈不上受害国人民对美好生活的向往了。比如已经过去了的苏联解体、南斯拉夫解体、伊拉克战争、"阿拉伯之春"中东、北非系列国家内乱、乌克兰动乱等不说，就当前看，阿富汗战争、叙利亚战争、委内瑞纳、玻利维亚动荡、香港"废青"骚乱等，无不因为外部势力挑起内部的破格，其结果都是内部人民遭受生命财产损失，社会经济发展止步。

要实现社会主义核心价值观，促使我们必须要有清醒的认识，居安思危，提前应对，积极抵御一切外部势力的干扰和破坏，坚决避免或控制这样的破格局面发生。

## 4、社会主义核心价值观的升格和创格与时代同行

社会主义核心价值观的升格、创格与时代同行，这是主动破格适应社会发展的需要。升格就是与时俱进地提升满足人民美好生活需要的更高要求，创格则是与时俱进地创造新的可持续量化的更大目标。

社会主义核心价值观的升格与创格既有不同的侧重，又相互包容。升格与创格都是要把社会主义核心价值观不同层面提升到更高的高度，并能用量化的尺度加以评判。否则，如果对社会主义核心价值观不加以可持续的量化，那么升格与创格就谈不上具体的目标，迟早会因为没有具体的目标而停滞不前，甚至重新倒退，这从世界或我国历史进程中的朝代更替上不难找到答案。

那么，社会主义核心价值观如何量化呢？下面我们结合每一个层面来考察。

从个人层面看，社会主义核心价值观对个人层面有爱国、敬业、诚信、友善四个方面的行为准则，要使之成为人生、事业立格的标准。个人处在社会的每一个层面，每一个层面都能呈现出个人在这四个方面的表现。让不爱国受到国家的制约，不敬业受到企业的制约，不诚信受到社会的制约，不友善受到公众的制约，通过对各个层面的量化考核，就能看到整个社会层面的表现。失格、出格的数量越少，维护社会主义核心价值观个人准则的比例就越高，并以此量化考核是否满足整个社会的更高的要求。

从社会层面看，社会主义核心价值观包含自由、平等、公正、法治四个方面，要使之成为社会各层面的立格标准。这四个方面贯穿于社会生产生活的每一个环节，任何一个环节不能有效体现自由、平等、公正、法治的要求，那么该环节就要受到个人的监督，国家的制约，并以此量化考察不同环节的失格与出格情况。失格、出格数量越少，维护社会主义核心价值观社会取向就越优，并以此量化考核是否满足整个社会更高的要求。

从国家层面看，社会主义核心价值观要求实现富强、民主、文明、和谐的目标，这四个方面是满足人民对美好生活需要的根本保障。富强是包含物质层面的更高要求，民主、文明、和谐是包含精神层面的更高要求。那么，多高才是更高呢？更高就是没有止境，就是一种感同身受的不断提高的程度。这个程度同样可以通过一定的量化指标来考察，如满足人民物质生活需要的国民经济总量、保障国家人民安全的军事实力、国家治理各环节的民主程度、国家的科技、文化繁荣程度、各民族的和谐程度等。这些都需要随着时代的发展不断提高，满足人民不断增长的美好生活的需要。

# 第二节　社会主义核心价值观之国家建设目标与五格

　　五格是围绕立格、守格、破格、升格和创格五个方面构建的人生事业的最大格局。通过梳理人与人、人与社会、人与自然等各个层面从立格、守格、破格、升格到创格的五格关系，树立五格意识，量化考察人的认知，以便从后知后觉潜移默化为先知先觉，实现自我及其自我参与的各个层面、各个环节、各个侧面的最大格局，从而实现人生事业整体格局的最大化。通过剖析五格与我国构建社会主义现代化建设目标的关系，量化定性目标责任，可使我们进一步坚定信念，明确方向，达成目标。

## 1、国家建设目标解读

　　"富强、民主、文明、和谐"，是我国社会主义现代化国家的建设目标，也是从价值目标层面对社会主义核心价值观基本理念的凝练，在社会主义核心价值观中居于最高层次，对其他层次的价值理念具有统领作用。

　　这是国家最高层面的立格，是国家立格高屋建瓴的制高点。是国家大思路、大战略、大目标三大高度的最大体现，是国家带领人民大众追求的最高境界。无论是谁，只要站在这样的高度上，都能通观全局，增大视野，并可以此作为检阅得失的一面镜子。

　　有了这样的目标，立格自然是有的放矢，绝不是虚幻与空想。那么最高是多高呢？自然需要一个可量化并可实现的指标来体现，否则依然是空想。这就需要通过每一项立格的具体内容结合守格、破格、升格和创格各层面来考察。

　　从大的战略上说，我们党制定的"两个一百年"奋斗目标，即，"第一个是在建党一百周年，也就是2021年。在这个时候，预计实现国民经济发展、各项制度完整目标；第二个是在建国一百周年，是到2049年的时候，建成富强民主的现代社会主义国家。"这就是我们社会主义现代化建设的总体目标，是为实现最高目标服务的；再从具体措施上看，我们国家的每个五年规划，就是一步一个脚印的具体目标。具体目标是为实现总体目标服务的，每一个具体目标的实现就是总体目标实现的根本保障。

不管是总体目标还是具体目标，都是可量化的目标，也就是我们立格的目标。有了立格目标，也就有了守格的具体目标，才可以明察破格，明确升格，期待创格的更高目标要求。

## 2、国家建设目标之富强与五格

富强即国富民强，是社会主义现代化国家经济建设的应然状态，是中华民族梦寐以求的美好夙愿，也是国家繁荣昌盛、人民幸福安康的物质基础。

先贤曰："是以其民用力劳而不休，逐敌危而不却，故其国富而兵强。"（《韩非子·定法》）；《战国策·齐策四》所述："齐放其大臣孟尝君于诸侯，诸侯先迎之者，富而兵强。"意思就是：国家富足而强大。这一方面是指国家富裕，人民安康；另一方面，国家兵强马壮，能获得别国的尊重，并足以抵御外敌的入侵。

这在我们今天则体现为，国家经济总量和人均收入居世界前列，科技、教育和医疗卫生实力居世界先进水平，国家军事实力足以抵御侵略、保护国家安全与和平，人民安居乐业、生活幸福指数达到国际先进水平等。这是站在国家与世界对比的综合实力的优越性表现而言，而站在自身的角度则是在超越世界强国的基础上，不断超越自我既定的更大的目标，使自己的人民享有更大的优越感，使自己的国家立于不败之地。

今年是我们建党一百周年，毫无疑问，我们第一个百年目标已经实现。体现在，截止2020年，我们国家的经济总量已跃居世界第二，人均JDP显著提高；科技、教育、医疗实力明显增强达到或基本达到世界先进水平，"嫦五"奔月、落月并成功取壤返回，"蛟龙"万米深潜，"珠峰"成功量身，面对世界大流行的"新冠"病毒疫情，在世界上率先得到控制并恢复正常生产经营秩序；人民安居乐业，幸福指数位居世界前列；国家军事实力显著提升，捍国重器次第呈现，国外对我国的军事、政治、经济挑衅无一得逞。这无一不证明，我们的第一个百年，国家的富强正在向我们走来，并向着第二个百年目标坚定前行。而当第二个百年实现富强目标，就是我们主动破格后向着更高目标的升格体现。

### 3、国家建设目标之民主与五格

民主是人类社会的美好诉求。我们追求的民主是人民民主，其实质和核心是人民当家作主。它是社会主义的生命，也是创造人民美好幸福生活的政治保障。

民主是国家、社会和人民大众文明、和谐的一种诉求，也是文明、和谐的保障，把民主作为国家层面的立格内容之一，足见民主在国家治理中的重要地位和作用。国家富强，必然需要彰显民主的政治保障。那么，民主作为立格的内容如何量化呢？

我国的民主是人民民主，即人民当家作主。这是打破几千年封建专制建立起来的，是一次伟大破格后的升格和新的立格。是以自下而上与自上而下相结合方式在各级社会组织中建立民主制度，以民主制度作为考量民主的手段。人民服务社会、服务国家，制度遵从人民、遵从民意。人民拥有应有的知晓权、参与权和保障权，即应有的人权地位。

当然，民主制度需要不断的完善，并与时俱进地提升，使之符合满足人民大众对美好生活的向往。在民主进程中，当民主受到阻挠或破坏，就要通过制度和法律体系加以约束；当民主制度无法满足现实需要时，就需要通过创造性的思维进一步完善民主制度。建立这种保障体系就是对民主的守格，自然也使民主体系得到提升，主动完成民主制度的升格。例如，我国维护民主制度的各项法律法规，前不久又颁布了自2021年1月1日起实施的《中华人民共和国民法典》，就是我们国家对人权的又一次完善，为我国民主制度提供了新的更大的保障。

### 4、国家建设目标之文明与五格

文明是社会进步的重要标志，也是社会主义现代化国家的重要特征。它是社会主义现代化国家文化建设的应有状态，是对面向现代化、面向世界、面向未来的，民族的科学的大众的社会主义文化的概括，是实现中华民族伟大复兴的重要支撑。

文明总体上包括物质文明和精神文明两个层面，物质文明是我们改造客观世界，即自然界所取得的物质成果的总和，包括物质生产和物质生活两方面；精神文明是我们改造主观世界的精神成果的总和，包括文化和思想两个方面。当然，还可以细分，使文明建设更具有针对性，如我们党的十七大提出的"生态文明"建设，它属于物质文明的范畴。将文明的程度从不同层面加以量化，这个总和越大，文明程度就越高。可以量化，就可以成为立格的目标，就为守格、破格、升格和创格找到了路径。前面提到的国家经济总量（JDP）就是量化的物质文明的反应，国家所制定的国民经济五年规划也是对物质文明和精神文明量化的具体体现。从这些规划和国民经济总量中，我们就可判断物质文明和精神文明的发展程度。

文明成为国家层面立格的重要内容，本身就是社会进步的重要标志，体现为社会各个层面持续呈现出的文化繁荣状态。个人的文明构成社会文明，社会文明构成国家文明。几千年的中华民族文化丰富多彩，共同构成了璀璨的中华文明。

各种优秀的传统文化已经构成过去的文明状态，新时期则要在继承和发扬优秀传统文化基础上，从优秀传统文化中吸取有益的文化基因，同时借鉴世界先进文化，构建新的更大的文化繁荣。使我们的文明程度与时代发展同步，与繁荣富强的社会主义现代化强国同步。

## 5、国家建设目标之和谐与五格

和谐是中国传统文化的基本理念，集中体现了学有所教、劳有所得、病有所医、老有所养、住有所居的生动局面。它是社会主义现代化国家在社会建设领域的价值诉求，是经济社会和谐稳定、持续健康发展的重要保证。

子曰："礼之用，和为贵，先王之道，斯为美"（《论语 学而》），这里的和即为和谐，说明几千年前，我们的先贤就明白"和谐"是美好的道理。谐，左边一个言旁，右边一个皆字，说明都发出同样的声音即为谐。引申为想法相同，目标一致。今天，我们建设社会主义现代化强国的根本目的就是不断满足人民大众对美好生活的向往，自然少不了和谐。追求和谐，就是我们站在国家层面想法相同、目标一致的立格誓言。

当然，和谐也不是一个空洞的口号，它是个人和社会各个阶段、各个层面的具体表现。包括，人与人之间和谐相处，家庭、邻里和睦，民族和谐发展，社会和谐稳定，国家和平安定等。表现在社会生活的具体层面上，就是"学有所教、劳有所得、病有所医、老有所养、住有所居"的方方面面，这同样是可以量化考察的。当出现不和谐的声音、不和谐的事件，就要通过守格加以约束，减少失格，修正出格，努力避免不和谐的破格行为。

我们要通过一代一代人的共同奋斗，努力坚守我国建设现代化国家所立定的"富强、民主、文明、和谐"四大国家层面的目标。尽量减少失格和出格，努力避免恶意的破格，与时俱进地做好满足更高要求的升格与创格。只有这样才能更好地确保我国社会主义现代化建设目标的最终实现。